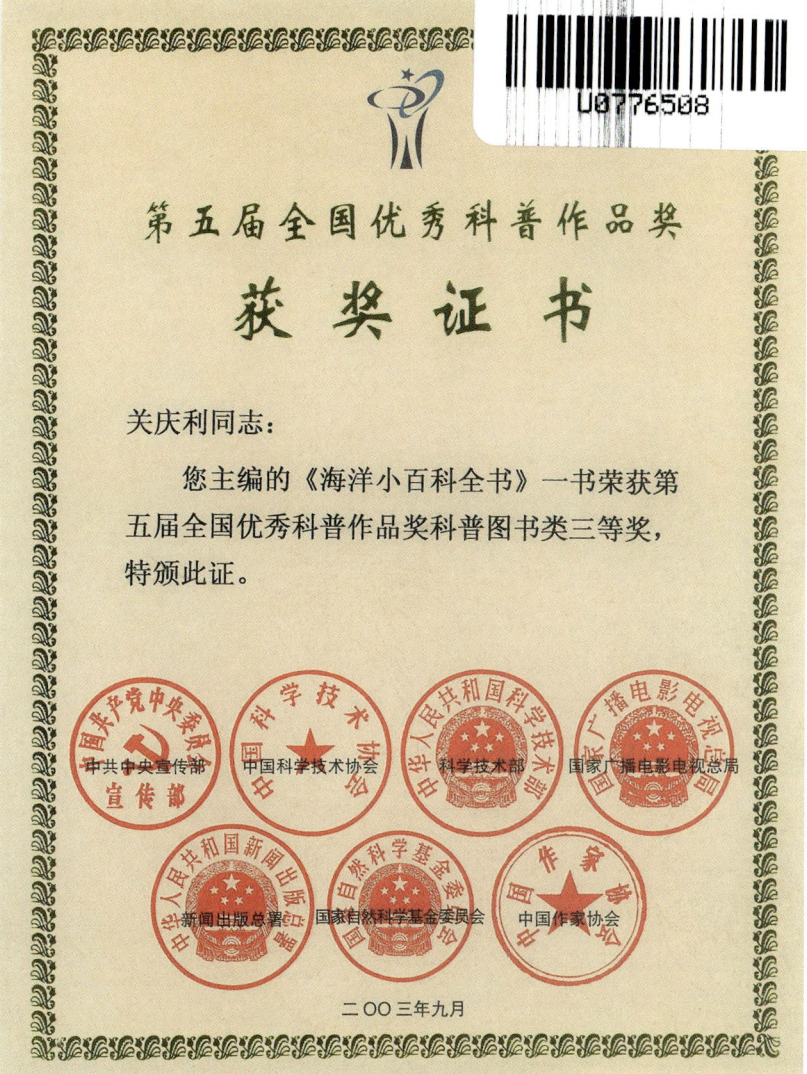

《海洋小百科全书》于2002年5月出版,2003年9月被中国共产党中央委员会宣传部、中国科学技术协会、中华人民共和国科学技术部、国家广播电影电视总局、中华人民共和国新闻出版总署、国家自然科学基金委员会、中国作家协会联合授予"第五届全国优秀科普作品奖科普图书类三等奖"。本书于2007年10月修订再版,现再次修订,由中山大学出版社出版。

海洋经济

古代商船 ▲

▲ 传统制盐的田盐

◀ 远洋捕捞

海米凉晒 ▶

海洋经济

◀ 海上石油平台建设

▲ 海上油田

集装箱码头 ▲

海上轮船 ▲

海洋经济

海上养殖场

▲ 海洋化工厂

▲ 海监执法

▶ 扇贝养殖

海洋小百科全书　　*海洋经济*

宁静的海湾 ▲

▲ 海边奇景

◀ 悉尼海滨

水城威尼斯 ▲

温哥华海滨 ▲

序言

　　海洋是人类的母亲,也是人类千万年来取之不尽、用之不竭的巨大资源宝库。在人类赖以生存的蓝色星球——地球上,蔚蓝色的海洋占有约71%的总面积。

　　雄踞在这颗蓝色星球的东方、浩瀚无垠的太平洋西岸上的中华人民共和国,不仅拥有960万平方千米的陆地国土,而且还拥有300万平方千米的海洋国土,有着1.8万千米绵延曲折的海岸线。在这浩瀚的蓝色国土上,珍珠般地镶嵌着大大小小6500多个美丽而富饶的岛屿。

　　勤劳勇敢的中华民族,在古代就凭着自己卓越的智慧和创造力,伐木成舟,劈波斩浪,牵星观月,远渡重洋,以举世瞩目的海洋文明跻身于世界航海强国的民族之林。

　　21世纪是海洋的世纪,21世纪的主人翁就是今天的青少年朋友。他们不仅是我国的未来和希望,而且必定是21世纪振兴经济和提升海洋科技的主力军。海洋将是青少年朋友报效祖国、振兴中华民族大显身手的辉煌舞台。只有帮助青少年及早地以科学的眼光认识世界的发展,科学地把握未来,早日加入到海洋开发建设的队伍中来,才能更好地发展我国的海洋经济,捍卫我国的海洋权益。未来是海洋的时代,只有让广大的青少年了解海洋、接近海洋、认识海洋,才能把握海洋、开发海洋、利用海洋和捍卫海洋权益,为祖国的海洋开发建设作贡献,为中华民族的子孙后代造福。为了提高中华民族的海洋文化素质,再铸中华民族海洋文明的辉煌,使我国成为21世纪的海洋强国,有识之士必须从现在做起,从青少年抓起,全面培养我国青少年的海洋意识,普及海洋科学知识,提高海洋科技技能,增强蓝色国土观念和捍卫海洋权益的责任感、使命感。从这个意义上说,在人类进入21世纪的伟大时代,在全球开始创造海洋经济的伟大时刻,在世界日益关注海洋权益的今天,出版这套经过缜密修订的全面、系统、科学地介绍海洋知识的《海洋小百科全书》,无疑是奉献给我国青少年朋友的一份珍贵礼物,是激发青少年的海洋兴趣、增长海洋知识、普及海洋文化、宣传海洋文明、提高海洋素质、促进海洋教育所做的一件功在当代、利在千秋的非常具有实践成就和指导意义的工作。

绚丽多姿的海洋召唤着青少年朋友们去探索和揭秘,无穷无尽的海洋宝藏等待着有志于海洋事业的青少年朋友们去开发和利用。这套图文并茂、深入浅出的《海洋小百科全书》,必将以丰富的知识性、深刻的思想性和高雅的趣味性,成为青少年朋友在蓝色海洋里成长、成才的良师益友。

祝愿青少年朋友读完这套书后能够早日成为大海的骄子,为把祖国建设成伟大的海洋经济强国和海洋科技强国贡献自己宝贵的青春和智慧。

国家海洋局局长:

2010年4月6日

目 录

一、海商奠基帝国兴起

1. 海洋经济与西方强国崛起有什么关系？ ……………… (2)
2. 你听说过"海上民族"吗？ ……………………………… (3)
3. "希腊大殖民"对欧洲贸易格局的影响有哪些？ ……… (4)
4. 迦太基是如何走上海洋强国之路的？ ………………… (5)
5. 厄吉那城邦海洋经济兴衰的原因是什么？ …………… (6)
6. 比里优思港在古希腊历史中的地位如何？ …………… (7)
7. 弗里西亚人海洋经济活动的特点是什么？ …………… (8)
8. 海盗时代北欧国家的政治、经济格局有什么特点？ … (9)
9. 热那亚是如何衰落的？ ………………………………… (10)
10. 海上协会是一个什么组织？ …………………………… (11)
11. 你了解中世纪欧洲的海洋法吗？ ……………………… (12)
12. "海峡税"是怎么回事？ ………………………………… (12)
13. 你了解鹿特丹港口的发展历史吗？ …………………… (14)
14. "地理大发现"和"新航路开辟"是一回事吗？ ……… (15)
15. 哥伦布对世界经济的贡献有哪些？ …………………… (16)
16. 什么是《格拉纳达协定》？ …………………………… (17)
17. 达·伽马对世界经济发展的贡献有哪些？ …………… (18)
18. 麦哲伦对世界经济的贡献有哪些？ …………………… (19)
19. 《发现香料群岛协定》有什么具体内容？ …………… (20)
20. 为什么签订《托德西利亚斯条约》和《萨拉戈萨条约》？
 ……………………………………………………………… (21)

21. 西班牙贸易署的职能和作用是什么？……………………(22)
22. 海洋经济与荷兰海上霸主地位的形成有什么联系？
   ……………………………………………………………(23)
23. 你了解荷兰东印度公司的历史吗？……………………(24)
24. 格拉沃利讷海战对英国称霸起到什么作用？…………(25)
25. 英国的"船税"是怎么一回事？…………………………(27)
26. 三次英荷战争爆发的经济因素有哪些？………………(27)
27. 17世纪《英瑞条约》对扩展英国海上商业利益有什么
   影响？……………………………………………………(28)
28. 你了解英国东印度公司的历史吗？……………………(29)
29. "黑船来航"是指什么事件？……………………………(30)
30. 德意志殖民协会和殖民公司是什么组织？……………(31)
31. 日本近代海运业迅速发展的原因是什么？……………(32)
32. 《日俄贸易与航海条约》是什么性质的条约？………(33)
33. 美西海战在美国崛起中的作用如何？…………………(34)
34. 冰岛与英国的"鳕鱼战"是怎么回事？…………………(35)
35. 什么是希土爱琴海争端？………………………………(37)
36. 你了解欧加渔业纠纷的来龙去脉吗？…………………(38)

二、追寻民族海商踪迹

37. 我国海洋经济历史的特点有哪些？……………………(41)
38. 我国的海洋开发活动开始于什么时候？………………(42)
39. "东夷"的海洋开发活动有哪些？………………………(43)
40. 古越人的海洋开发活动有哪些？………………………(44)
41. 齐国是如何通过开发海洋变成强国的？………………(45)
42. 《管子》记载了哪些海洋经济与管理的思想？………(46)

海洋经济

43. 我国古代盐法是如何演变的? …………………… (47)
44. 我国海洋渔业的历史可分为几个阶段? ………… (48)
45. 我国古代有没有开发出特色海珍品? …………… (49)
46. 什么是"海上丝绸之路"? ………………………… (50)
47. 朝贡贸易是怎么回事? …………………………… (51)
48. 市舶司是什么机构? ……………………………… (52)
49. 你了解元朝的海运漕粮活动吗? ………………… (53)
50. 郑和下西洋对明朝的国际贸易有什么影响? …… (54)
51. 倭寇侵扰是指什么事件? ………………………… (55)
52. 月港在明代海洋贸易中的地位如何? …………… (56)
53.《东西洋考》是一部什么图书? ………………… (57)
54. 闽粤移民对台湾的经济开发有哪些贡献? ……… (58)
55. 你知道我国民众移民东南亚的历史吗? ………… (59)
56. 葡萄牙殖民统治对澳门经济发展的影响有哪些?
   ……………………………………………………… (60)
57. 古代的"海禁"政策对沿海社会经济有什么影响?
   ……………………………………………………… (61)
58. 荷兰占领对台湾的经济发展有什么影响? ……… (62)
59. 清代的盐商与其他商人有何区别? ……………… (63)
60. 广州十三行是一个什么机构? …………………… (64)
61. 鸦片贸易是怎么回事? …………………………… (66)
62. 鸦片战争是为何而战? …………………………… (67)
63. 你知道近代的"海关税务司"对我国的影响吗? …… (68)
64. 清末我国的沿海贸易权是如何被列强剥夺的? … (69)
65. 你了解英国占领香港的经过吗? ………………… (70)
66. 1861—1894年西方列强对华的经济侵略有哪些?
   ……………………………………………………… (71)
67. 日本对台湾的经济掠夺有哪些? ………………… (72)
68. 你了解清代沿海通商口岸的历史吗? …………… (73)

69. 什么是"自开商埠"？……………………………(74)
70. 你了解中外通商行船条约吗？……………………(75)
71. 民国时的"盐税"是指什么？………………………(77)

三、当代海洋经济概览

72. 什么是海洋经济？……………………………………(79)
73. 你了解古代海洋经济情况吗？……………………(80)
74. 你了解近代海洋经济情况吗？……………………(81)
75. 现代社会海洋经济发展状况如何？………………(83)
76. 海洋经济学是研究什么的？………………………(84)
77. 海洋经济学是怎样形成的？………………………(85)
78. 海洋经济有什么特点？……………………………(86)
79. 海洋生物资源有何经济价值？……………………(87)
80. 为什么说海水是液体化工资源？…………………(89)
81. 为什么说海洋滩涂也是宝贵资源？………………(90)
82. 海洋渔业经济包括哪些内容？……………………(91)
83. 怎样理解海洋运输经济？…………………………(92)
84. 什么是海洋油气经济？……………………………(94)
85. 为什么说海洋旅游经济前景广阔？………………(94)
86. 什么是海洋生态经济？……………………………(95)
87. 如何理解海洋产业布局？…………………………(97)
88. 海洋区域经济指的是什么？………………………(98)
89. 什么是海岸带经济？………………………………(99)
90. 海岸带经济有哪些类型？…………………………(100)
91. 环渤海经济区能成为我国的第三个经济引擎吗？
……………………………………………………(101)

海洋经济

92. 长江三角洲经济区发展的前景如何? ………… (102)
93. 珠江三角洲经济区将对全国发展起什么作用? … (104)
94. 什么是海岛经济? ……………………………… (105)
95. 专属经济区对海洋经济的发展意义如何? ……… (106)
96. 为何说大陆架区域经济开发价值巨大? ………… (107)
97. 怎样理解大洋经济? ……………………………… (108)
98. 国际海底区域有何经济开发意义? ……………… (109)
99. 怎样理解海洋的可持续发展? …………………… (110)
100. 制约海洋可持续发展的人为因素有哪些? …… (111)
101. 海洋灾害对海洋经济发展有多大威胁? ……… (112)
102. 世界海洋油气开发状况如何? ………………… (113)
103. 你了解世界海洋能开发利用状况吗? ………… (114)
104. 我国开发利用海洋能的现状如何? …………… (115)
105. 为什么说美国是世界海洋经济强国? ………… (116)
106. 美国是如何开发深海矿产资源的? …………… (117)
107. 日本海洋经济发展有什么新特点? …………… (118)
108. 日本是怎样开发利用海洋空间的? …………… (120)
109. 法国是如何发展海洋油气业的? ……………… (121)
110. 为什么说英国是海洋能开发利用大国? ……… (122)
111. 海洋渔业如何成了加拿大支柱产业? ………… (123)
112. 韩国是怎样成为世界第一造船国的? ………… (124)
113. 我国海洋油气资源开发状况如何? …………… (125)
114. 我国为什么要大力发展海洋工程装备业? …… (126)
115. 世界海洋经济发展的趋势如何? ……………… (128)
116. 我国应如何推进海洋经济的健康发展? ……… (129)
117. 我国为什么实行海域有偿使用制度? ………… (130)
118. 什么情况可以无偿使用海域? ………………… (131)
119. 你了解我国的渔业捕捞许可证制度吗? ……… (131)
120. 我国的捕捞限额制度是什么时候实行的? …… (132)

5

121. 我国的海洋经济统计是怎样进行的? …………… (133)
122. 你知道什么是海洋生产总值吗? ………………… (133)

四、日新月异朝阳产业

123. 什么是海洋产业? ………………………………… (136)
124. 海洋产业是如何划分的? ………………………… (136)
125. 谁是海洋产业发展的主力军? …………………… (137)
126. 我国海洋产业结构的基础状况如何? …………… (137)
127. 如何理解鱼盐之利、舟楫之便? ………………… (138)
128. 什么是临海产业? ………………………………… (139)
129. 临海型工业是如何发展的? ……………………… (139)
130. 临海型工业有哪些特点? ………………………… (140)
131. 水产品加工包含哪些内容? ……………………… (141)
132. 水产品加工业对渔业发展有哪些作用? ………… (142)
133. 什么是休闲渔业? ………………………………… (142)
134. 休闲渔业的发展状况如何? ……………………… (143)
135. 我国休闲渔业有哪些开发方式? ………………… (144)
136. 白水捞银子导致了什么样的结果? ……………… (144)
137. 影响海洋捕捞业发展的因素有哪些? …………… (145)
138. 远洋捕捞具有哪些特点? ………………………… (146)
139. 我国的海洋捕捞业面临哪些困境? ……………… (147)
140. 什么是海水增养殖? ……………………………… (148)
141. 我国的海水增养殖技术发展如何? ……………… (148)
142. 什么是人工放流增殖? …………………………… (149)
143. 什么是海洋牧场? ………………………………… (150)
144. 世界上的捕鲸活动是如何发展的? ……………… (152)

145. 为什么世界对商业捕鲸说"不"? ……………………(153)
146. 为什么温带地区是海洋渔业的重要渔场? ………(154)
147. 世界上有几大渔场? …………………………………(155)
148. 我国有几大渔场? ……………………………………(156)
149. 为什么明朝没有出海捕鱼的渔民? …………………(157)
150. 我国的海岛经济是如何发展起来的? ………………(158)
151. 明朝的海禁为什么没能禁止海岛的开发? …………(159)
152. 人工鱼礁对渔业经济有什么作用? …………………(159)
153. 拖网对渔业经济发展的害处有多大? ………………(161)
154. 世界渔业的发展是否一成不变? ……………………(162)
155. 我国沿海渔港知多少? ………………………………(162)
156. 港口在城市经济发展中有多重要? …………………(163)
157. 为什么说海洋交通运输业是经济发展的推进器?
   ………………………………………………………(164)
158. 世界海运市场发展前景如何? ………………………(165)
159. 我国是否是海运大国? ………………………………(166)
160. 经济危机从哪些方面抑制海运业的发展? …………(167)
161. 美国金融危机对我国海运业的影响有多重? ………(168)
162. 邮轮和游轮有什么区别? ……………………………(169)
163. 世界邮轮业的国际竞争格局如何? …………………(170)
164. 世界邮轮业发展趋势如何? …………………………(171)
165. 我国邮轮经济的前景看好吗? ………………………(172)
166. 发展邮轮业对我国经济有哪些贡献? ………………(173)
167. 我国是世界造船大国,也是强国吗? ………………(174)
168. 我国海洋船舶工业有怎样的发展历史? ……………(175)
169. 我国为什么要建大型造船基地? ……………………(176)
170. 我国大型船用曲轴的诞生对造船业有何意义?
   ………………………………………………………(177)
171. 拖轮对海港、航运业有什么作用? …………………(178)

172. 为什么集装箱船发展迅速? ……………… (179)
173. 海水制盐的历史有多久? ………………… (180)
174. 为什么说浩瀚海洋皆矿液? ……………… (181)
175. 为什么说海底是聚宝盆? ………………… (182)
176. 为什么说多金属结核是铺在海底的"黑金毯"?
　　…………………………………………… (183)
177. 海洋油气工业在发展海洋经济中的地位如何?
　　…………………………………………… (184)
178. 可燃冰能成为我国能源危机的拯救者吗? … (185)
179. 我国的石油供应是否安全? ……………… (186)
180. 海洋能与传统能源的区别有哪些? ……… (187)
181. 海洋能的利用包括哪些内容? …………… (188)
182. 海上风能发电比陆上风能发电有哪些优势? … (189)
183. 潮汐能利用状况如何? …………………… (190)
184. 波浪能发电潜力有多大? ………………… (191)
185. 盐差能发电什么时候能实现? …………… (192)
186. 我国的核电发展情况如何? ……………… (193)
187. 我国是如何利用海水资源的? …………… (194)
188. 家庭能直接利用海水吗? ………………… (195)
189. 为什么说海洋旅游业是朝阳产业? ……… (196)
190. 我国的滨海旅游业可采用哪几种方式开发? … (197)
191. 海岛旅游的魅力有哪些方面? …………… (198)
192. 你知道海洋生物产业有多重要吗? ……… (199)
193. 为什么说海洋是人类的"蓝色药库"? …… (200)
194. 海洋生物制药将向哪些方向发展? ……… (201)
195. 巨藻有哪些经济价值? …………………… (202)
196. 海盐化工对国民经济有多重要? ………… (203)
197. 海洋可以做仓库用吗? …………………… (204)
198. 海底有旅馆吗? …………………………… (205)

海洋经济

199. 为什么说海底电缆、光缆像人体的神经？……………（206）
200. "垃圾贝壳"的经济价值有多大？…………………（208）
201. 深层海水的经济价值表现在哪些方面？…………（209）

五、夯实蓝色经济基石

202. 为什么说《辛丑条约》是我国经济和海防的大灾难？………………………………………………（212）
203. 袁世凯如何葬送了我国的盐税大权？……………（213）
204. 福建船政局对我国近代造船业有何影响？………（214）
205. 孙中山为何倡导发展海洋实业？…………………（215）
206. 你了解我国近代南海诸岛命名情况吗？…………（216）
207. 新中国海关总署有何重大意义？…………………（218）
208. 钓鱼岛有怎样重要的经济价值？…………………（218）
209. 你了解我国的"春晓"油气田吗？…………………（220）
210. 日本为何发难我国"春晓"油气田？………………（221）
211. 中日解决"春晓"油气田争端有什么新进展？……（222）
212. 中韩苏岩礁争端是怎么回事？……………………（223）
213. 越南是如何侵占我南海岛礁及周边资源的？……（224）
214. 掠夺我国南沙资源最早最多的是哪个国家？……（226）
215. 菲律宾侵占我国南海岛屿情况如何？……………（227）
216. "海巡31"巡逻船为何被称为"中国海事航母"？
………………………………………………………（228）
217. 我国应如何维护国家的海洋权益？………………（230）
218. 我国为何要制定《对外合作开采海洋石油资源条例》？………………………………………………（231）

9

219. 我国如何建设和管理海洋自然保护区？………… (232)
220. 我国专属经济区和大陆架范围是怎样规定的？
　　 …………………………………………………… (233)
221. 我国对专属经济区和大陆架资源有哪些权力？
　　 …………………………………………………… (234)
222. 为实施《海洋环境保护法》还有哪些具体规定？
　　 …………………………………………………… (234)
223. 我国为何要制定《海域使用管理法》？………… (236)
224. 我国对无居民海岛有何规定？…………………… (236)
225. 我国为什么要两次修订《渔业法》？…………… (237)
226. 我国休渔制度是怎么规定的？…………………… (238)
227. 海洋区划分有多少种类型？……………………… (239)
228. 我国是如何划分沿海行政区域的？……………… (240)
229. 我国为何实行海洋功能区划？…………………… (241)
230. 制定《全国海洋功能区划》的依据是什么？…… (242)
231. 《全国海洋功能区划》主要内容有哪些？……… (242)
232. 什么是海洋主体功能区划？……………………… (243)
233. 你了解海洋经济区划吗？………………………… (244)
234. 何谓海洋综合管理？……………………………… (244)
235. 你了解我国最早的水产学校吗？………………… (245)
236. 我国最早培养飞机、潜艇制造人才的学校是哪个？
　　 …………………………………………………… (246)
237. 陈嘉庚为我国海洋教育事业作出了哪些重要
　　 贡献？……………………………………………… (247)
238. 我国近代第一个海洋研究机构是哪一个？……… (248)
239. 你知道青岛水族馆是怎么建立的吗？…………… (249)
240. 我国高校设立的第一个水产学系在哪里？……… (250)

241. 什么是国家海洋"863"计划? ……………… (251)
242. 我国首个专门从事海洋经济研究的机构是哪个?
　　 ………………………………………………… (252)
243. 我国南沙第一个海洋观测站是怎样建立的? …… (253)
244. 我国首个海洋经济学本科专业成立在哪个高校?
　　 ………………………………………………… (254)
245. 海洋科研教育机构对广东海洋经济的发展有何
　　 贡献? …………………………………………… (255)
246. 我国"大洋矿产资源研究开发协会"的作用如何?
　　 ………………………………………………… (256)
247. 为什么说青岛是中国"海洋科技城"? ………… (257)
248. 实施《90年代我国海洋政策和工作纲要》有何
　　 背景? …………………………………………… (258)
249. 什么是"科技兴海"? …………………………… (259)
250. 我国为什么要制定《全国海洋开发规划》? …… (260)
251.《中国海洋21世纪议程》确定了哪些目标? …… (261)
252. 你了解"渤海碧海行动计划"吗? ……………… (262)
253. 实施《全国海洋经济发展规划纲要》有何重要
　　 意义? …………………………………………… (263)
254. 我国第一个海洋科技发展规划是哪一部? ……… (264)
255. 我国第一个海洋事业发展规划纲要确定了什么
　　 目标? …………………………………………… (265)
256.《全国科技兴海规划纲要》有什么特点? ……… (266)
257.《全国科技兴海规划纲要》提出了哪些重点任务?
　　 ………………………………………………… (267)
258. 天津滨海新区建设有何重大意义? …………… (269)
259. 为何要建设"广西北部湾经济区"? …………… (270)

260. 广东省对发展海洋经济有什么宏伟目标？………(272)
261. "海峡西岸经济区"的建设内容是如何规划的？
　　　………………………………………………(273)
262. 辽宁沿海经济带能否拉动东北经济？…………(275)
263. 推动江苏沿海地区发展有何战略意义？………(276)
264. 为什么要打造"山东半岛蓝色经济区"？………(277)
　编后记……………………………………………(280)
　《海洋小百科全书》分类目录……………………(281)

海洋经济

海商奠基帝国兴起

1. 海洋经济与西方强国崛起有什么关系？

如果将地球形容成一个浸在水中的星球，那么，海洋就占了地球表面的70.8%，我们人类居住的陆地仅占29.2%。这种海陆相兼的生存环境，决定了人类的生存发展与浩瀚大海的关系是密不可分的。人类发展的历史充分证明了这一点。

里斯本"地理大发现"纪念碑

在新航路开辟之前，沿海各国海洋经济的发展是相对独立的，彼此虽有联系，但联系的规模和覆盖的地域范围相对较小。在欧洲和北非等地的迦太基、厄吉那、热那亚等城邦在海洋经济发展到一定规模时，"海上协会"这种海洋运输、海洋贸易的新型组织形式已经形成，一系列海洋法规的建立便成为指导国家、地区海洋经济行为的规范，"海上民族"、"希腊大殖民"、"海盗时代"等的出现在一定程度上促进了欧洲、北非等地的广泛交流。我们不难发现，这一时期，海洋因素在世界经济发展历史中起到了很大的推动作用。

新航路开辟后，揭开了世界海洋经济新时代的序幕，让世界为之一新。葡萄牙、西班牙、荷兰、法国、英国、美国等国家纷纷从发展海洋经济中获取了巨大的利益。日本虽然走过了一段曲折的道路,但最终仍旧是通过海洋发展才跻身于世界列强行列。正所谓:"谁取得了海洋的控制权,谁就控制了世界。"无敌舰队、海上马车夫、日不落帝国等海洋强国彼此间的海上较量,与它们海洋经济发展实力的强弱密切相关。在总结近代以来区域性、世界性的强国发展道路时,我们惊讶地发现:自新航路开辟以来的数百年里,大家公认的世界性强国,几乎都是走"海洋强国"之路。

可以说:海洋经济奠定了帝国发迹的基石,海洋发展成就了帝国的宏伟霸业。

2. 你听说过"海上民族"吗?

在欧洲历史上,曾经出现过一个"海上民族"。其实,它并不是一个民族或者国家的称谓,而是对一个多民族集团的泛称。它主要是指在公元前13世纪至公元前12世纪时期,从海上入侵埃及、巴勒斯坦和小亚细亚等地的航海者的集团。

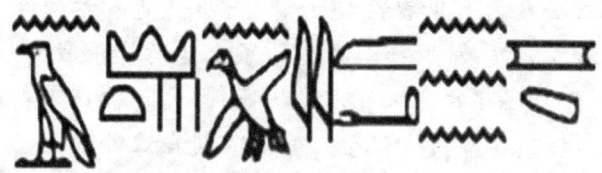

象形文字对"海上民族"的记载

所谓的"海上民族"主要是由当时的腓力斯丁人、吕基亚人、亚加亚人、达瑙伊人、撒丁人、西库尔人、埃特鲁斯坎人(伊达拉里亚人)组成的。这些民族都来自于欧洲的迈锡尼世界或安纳托利亚的西部地区。在被当地的居民打败以后,他们中的一部分人就转向地中海寻找殖民地,"海上民族"就形成于这个时期。

由于"海上民族"的兴起,使当时尼罗河畔声名赫赫的埃及新王国的声威一落千丈;使在整个两河流域强大无比的赫梯王国由盛而衰,并最终灭亡;使地中海的亚洲沿岸以及希腊半岛和爱琴海诸岛灿烂的迈锡尼文明也突然被毁灭。这些,都和"海上民族"寻求殖民地的活动有关。

"海上民族"的历史是一个众多民族融合的过程,也是数世纪中在地中海东部已经存在的特有的海盗活动和小国间战争的继续。

3. "希腊大殖民"对欧洲贸易格局的影响有哪些?

在人类发展的历史中,发生过很多次大规模的人群迁徙活动。"希腊大殖民"现象就是古希腊人在公元前8世纪至公元前6世纪的一次对外移民运动。

在公元前8世纪至公元前6世纪,随着希腊众多城邦的形成和发展,城邦人口达到了土地所能承载的极限。于是,许多城邦的商人外出寻找商机,大量破产者也远赴海外占据某些殖民点谋生。他们陆续在海外建立了一些殖民点,其范围西至今天的意大利、法国和西班牙,南临非洲北岸,东至小亚细亚和黑海周围一带。

后来,这些殖民地逐渐发展为新的城邦,成为"子邦"。子邦与母邦的关系既日趋独立,又互相联系,"旧世界变成了地中海声色犬马的商业中心和都市,而新开拓的世界则成了原料和食物的出产地。"

在这一微妙的关系发展中,地中海地区的经贸关系、海商路线和贸易区便相继建立起来。大规模的殖民运动促进了希腊世界与外界的经济和文化交流,并促进了对外贸易的发展。而众多的城邦也从中获得了各自完善政制的机会。

4. 迦太基是如何走上海洋强国之路的?

"迦太基"这个词源于腓尼基语,意思是"新的城市"。迦太基是北非的一个古国。它的首府在非洲北海岸的迦太基城。迦太基与腓尼基是子邦与母邦的关系。

迦太基城复原图

大约在公元前814年,腓尼基城邦推罗的移民横渡地中海,在今天的突尼斯湾建成迦太基城。当时,迦太基花费巨资建设的海港远近驰名,迦太基的海军称霸西地中海。该国的居民善于搞航海贸易,再加上该国地处地中海的贸易和交通要道,通过海路贩运奴隶、金属、奢侈品、酒和橄榄油等商业活动得到蓬勃发展,逐渐发展成为西地中海的贸易中心,每年都有丰厚的经商收入。这些有利条件使迦太基逐渐发展成为一个海上强国。

当时的迦太基帝国疆土十分辽阔,势力已经扩展到北非沿岸、西班牙中部、科西嘉岛、萨丁尼亚岛、西西里岛和马耳他岛。首都迦太基城的居民曾经达到70万人,占地有315公顷之多。

5. 厄吉那城邦海洋经济兴衰的原因是什么?

厄吉那(又称埃伊纳、埃吉娜)是古希腊的一个沿海城邦,得名于希腊神话中的水泽仙女。在公元前7世纪,厄吉那城邦的海上贸易十分发达,城邦经济发展迅速。这里铸造出的银币在爱琴海地区广泛流通,成为古希腊两种主要货币之一。

希腊埃伊纳岛海滩

但是,随后厄吉那饱受战乱之苦,其经济实力开始逐渐削弱。公元前505年,厄吉那派舰队帮助底比斯去攻打雅典;公元前480年,它又在萨拉米斯海战中,派30艘战船参加对波斯人作战;公元前457年,厄吉那与斯巴达结盟,再度与雅典相争,失败后成了雅典的一个城邦,被迫交纳沉重的赋税;在伯罗奔尼撒战争中,厄吉那的居民遭到了雅典人驱逐;虽然战争结束后,斯巴达人重建了城邦,并召回原居民,但这时的厄吉那已经失去了商业上的重要地位;公元前210年,厄吉那再一次遭到罗马人的劫掠,不久被并入了罗马的版图,但其商业地位却一直没有太大提升。

历史上,厄吉那城邦海洋经济的兴起,源于便利的海洋环境和宽松的自由贸易政策。但是,它的衰落却与连年战争有着直接的关系。

6. 比里优思港在古希腊历史中的地位如何?

比里优思港就是今天的比雷埃夫斯港。它位于希腊雅典西南8千米的萨罗尼科斯湾畔。该港口山环岛屏,形势险要。它现在是希腊首都雅典的外港,也是希腊的重要港口和海军基地。

在公元前490年,古雅典将领米斯托克利倡议修建比里优思港,当时,有"长墙"(建于公元前461年至公元前457年)将港口与雅典城相连。比里优思港是古希腊最大的海洋贸易集散地,港内有旅馆、剧场、仓库、商品陈列室和银钱兑换所等设施。在伯罗奔尼撒战争中,比里优思港是雅典的物资供应基地。公元前405年,斯巴达攻占了比里优思港,其将领来山得下令将其拆毁。随后,雅典进行了重建。第二次世界大战中,比里优思港又遭到严重破坏。

比雷埃夫斯港

如今,比雷埃夫斯港是希腊主要的造船和工业中心,也是地中海沿岸重要的商业港口。

7. 弗里西亚人海洋经济活动的特点是什么?

弗里西亚人属于日耳曼人的一支,古罗马史学家塔西佗把他称为弗里西人,并将其分成大弗里西人和小弗里西人两部分。

在公元前后,弗利西亚人进入了荷兰北部和德国西北部的低洼地区定居,主要分布在莱茵河和埃姆斯河一带。为防止海水泛滥浸淹,沿海居住的弗里西亚人都将其住所建在人工土墩之上,这形成了当地建筑的一大特色。

弗里西亚人善于经商,5世纪后一度在多瑙斯塔德港控制了北海的贸易活动。现代的弗里西亚人主要居住在荷兰的弗里斯兰省和弗里西亚群岛等地,以饲养菜牛和奶牛著称,也从事农业生产,并擅长航海和贸易。沿海居住的弗里西亚人有着悠久的开发海洋的历史,在其生产、生活活动中烙有浓厚的海洋痕迹。

8. 海盗时代北欧国家的政治、经济格局有什么特点?

历史上的海盗时代,又称维京时代,是指北欧从公元8世纪末至11世纪这段的历史时期。海盗时代的起点为公元793年6月8日,由维京人(或诺曼人)袭击英格兰东北海岸的林迪斯法恩岛(今天的霍利岛)之日算起。直到1066年,诺曼人又征服了英格兰,标志着海盗时代的结束。

维京船

海盗时代的北欧历史,是以维京人在波罗的海、北海、大西洋以至地中海沿岸一带进行的一系列海盗以及商贸活动为基本内容。欧洲北方的维京人即"诺曼人",自称维京为"海上武士"的意思。

维京人原本居住在日德兰半岛、斯堪德纳维亚半岛及其邻近岛屿。维京人可分三大支,即丹麦人、瑞典人和挪威人。在公元8—9世纪,氏族社会的首领率众四处远征,进行海盗袭击以及商贸活动,后来转而占领土地并定居下来。他们分三路向南远征的重要事件有:占据都柏林、殖民冰岛、在英格兰建立丹法区、通过黑海与拜占庭进行贸易、建立基辅公国、建立诺曼底王国、征服英格兰、建立西西里王国等。在海盗时代,维京人的海盗活动以及商贸活动给北欧的政治、经济格局打下了深深的烙印。

9. 热那亚是如何衰落的?

热那亚有着悠久的历史。它建立于公元前5世纪。公元7—8世纪,热那亚的手工业已经十分发达。到公元9—10世纪,热那亚已经成为当时地中海地区重要的工商业中心。12世纪时,热那亚共和国就已经成立。

今天的热那亚港口

海洋经济

在中世纪时期,热那亚借十字军东征的机会繁荣起来,建立起一个独立而强壮的海洋共和国,与当时的威尼斯、比萨和阿马尔菲齐名。当时,热那亚的经济贸易遍布地中海和黑海,它的市场还远渗到中国。公元9—14世纪,在迈向海洋共和国的过程中,热那亚与竞争对手之间的经济、军事角逐不断。12世纪前,热那亚同经常发动侵袭的阿拉伯人斗争。12世纪初至13世纪末,热那亚又发动了对比萨的战争。13—14世纪,为了争夺东方的商业霸权,热那亚与威尼斯共和国先后进行了4次大规模的战争。在与威尼斯的角逐中,热那亚败下阵来。加上奥斯曼帝国夺取了热那亚在爱琴海的领地,封锁了它进入黑海的通道,热那亚开始明显衰落,并成为米兰公国和法国争夺的目标,而威尼斯则跃为海上强国。

10. 海上协会是一个什么组织?

大家对股份公司这个词应该很熟悉,但是,你可能不知道,股份公司这种商业组织形式,早在几百年以前就出现了。在这里我们要介绍的"海上协会"是12世纪热那亚经营贸易活动的商业公司。当时的"海上协会"就发售股票,分配利润并共同分担风险,是一种股份公司。

由于海洋运输、海洋贸易活动具有耗资多、风险大的共性,这就需要有一种易于集资、同时可以让投资风险分散化的组织形式,"海上协会"就此应运而生。它由许多合伙人共同发起组成,每艘商船上配有一个管货员或代理人,来代表投资人的利益。

"海上协会"这种新的商业组织形式实现了企业所有

权的分割,从而完成了资金的积聚和风险的分散。这种组织形式,在中世纪后期开始扩大到其他行业。

11. 你了解中世纪欧洲的海洋法吗?

提起海洋法,大家可能认为是近现代才产生的。其实,在中世纪的欧洲,就已经产生了海洋法。当时,出于形势的需要,欧洲许多沿海港口都制定了航海贸易相关习惯和法规,它们或者被称为海洋法,或者被称作海商法、海事法。

在中世纪早期,东地中海沿海地区应用的海洋法是《罗得岛海洋法》,它编纂于公元6—8世纪。到了10世纪,北海和波罗的海沿岸港口也有了一些海事规则。12世纪中期,在法国奥列隆岛编成的习惯法汇编——《奥列隆法》,开始流行于大西洋沿岸。14世纪,汉萨同盟颁布了海洋法规,这些法规通称为《维斯比法》。到了14世纪初,地中海沿岸许多港口均有自己的海事法规。例如,《威尼斯海事法规》就是中世纪威尼斯实行的通商和航海习惯法条例的汇编,它分别于1229年和1255年两次颁布。1477年,它进一步成为威尼斯民法的一部分。

海洋法里最著名的,应该算是1494年西班牙巴塞罗那出版的《海事法汇编》,它是地中海地区的海事普遍法。中世纪的海洋法对欧洲沿海港口海洋贸易等海洋活动进行了规范,保护了正常的海洋经济活动。

12. "海峡税"是怎么回事?

在中世纪时,丹麦王国开始了在厄勒海峡和其他海峡向过往船只进行征税,这就是著名的海峡税。

海洋经济

由于欧洲的小贝尔特海峡、大贝尔特海峡、厄勒海峡、卡特加特海峡和斯卡格拉克海峡是连接波罗的海和北海的天然水系,是波罗的海和北海沿岸各国相互来往和通往世界各大港口的主要航道。因此,这些海峡具有重要的经济价值。

波罗的海和北海诸海峡

1429年,当时的丹麦、挪威、瑞典国王埃里克七世首先在厄勒海峡开始征收海峡税,每艘船征税的数额是一个玫瑰诺尔布金币。后来,海峡税征收范围又扩大到了大、小贝尔特海峡等。海峡税也就成为丹麦、挪威、瑞典王国最重要的财政收入之一。

自从海峡税征收以来,不断遭到欧洲其他国家的强烈反对。但直到1857年3月,《哥本哈根条约》制定了厄勒海峡和大、小贝尔特海峡的航行制度,规定商船可不受任何限制昼夜航行,丹麦王国才被迫签订条约,宣布永远放弃在厄勒海峡和大、小贝尔特海峡征收该税。

13. 你了解鹿特丹港口的发展历史吗?

鹿特丹是荷兰西南部港口城市,它位于南荷兰省境内的莱茵河支流新马斯河两岸。

鹿特丹是在鹿特河口小型围垦地而成的,并于1283年而得名。1328年,鹿特丹又获得了城市建设特许。1340年,由荷兰伯爵批准,挖掘一条通往斯希的运河,后来发展成荷兰的主要港口。

1856年画家笔下的鹿特丹港口

在17世纪时,鹿特丹就是荷兰东印度公司的主要贸易港口,商业十分繁荣。到17世纪末,鹿特丹已经成为仅次于阿姆斯特丹的荷兰第二大商业城市。1795—1815年法国占领期间,由于河口淤积,港市一度衰落。1866—1872年建成了通往北海的新水道,1877年铁路的开通以及德国鲁尔工业区的兴起,使港市又重新兴盛起来。

至20世纪初,鹿特丹港已经发展成为荷兰第一大港。第二次世界大战中,港口遭到严重破坏。战后,鹿特丹被重建为现代化的城市,成为荷兰第二大城市和欧洲与亚、非、北美间过境运输的主要港口。鹿特丹港曾经为世界第一大港口。

14. "地理大发现"和"新航路开辟"是一回事吗?

"地理大发现"、"新航路开辟"虽然是我们比较熟悉的名词,但是,两者并不是同一回事。

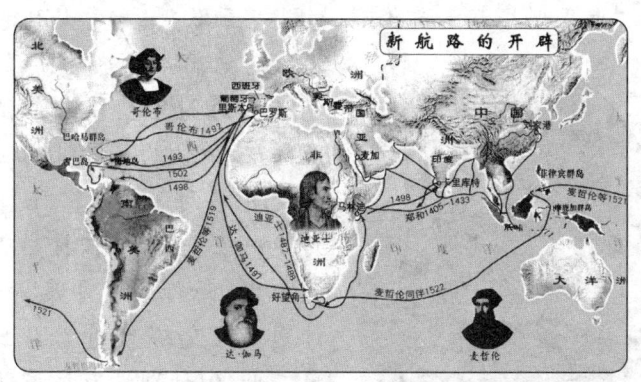

新航路开辟示意图

"地理大发现"又名"探索时代"或"大航海时代",是对从15—18世纪时期欧洲航海者开辟新航路和发现新大陆的通称。在地理大发现时代,欧洲的船队出现在世界各处的海洋上,寻找着新的贸易路线和贸易伙伴,借以发展欧洲新生的资本主义。在这些远洋探索中,欧洲人发现了许多当时不为欧洲人知晓的国家和地区。与此同时,欧洲涌现出了克里斯托弗·哥伦布、瓦斯科·达·伽马、佩德罗·阿尔瓦雷斯·卡布拉尔、胡安·德拉科萨、巴尔托洛梅乌·迪亚士、胡安·卡博托、约翰·卡博特、胡安·庞塞·德莱昂、斐迪南·麦哲伦与胡安·塞瓦斯蒂安·埃尔卡诺等许多著名的航海家。

而"新航路开辟"则是特指从15世纪末至16世纪20年代西欧航海家哥伦布、达·伽马、麦哲伦等开辟新航海路线的活动。所以,西方历史中所说的"地理大发现"所指的范围要略广于"新航路的开辟"。

15. 哥伦布对世界经济的贡献有哪些?

克里斯托弗·哥伦布(1451—1506年)是意大利的航海家。他出生于热那亚,1476年前往葡萄牙。哥伦布相信地圆说,他认为从欧洲向西航行就可以到达印度。他曾制订了一个航行计划,打算从欧洲出发,西行到达印度,并将计划书呈交给葡萄牙国王若奥二世,但计划没有被采纳。

1485年,哥伦布到了西班牙。他又向西班牙女王伊萨贝拉一世和国王费尔南多

克里斯托弗·哥伦布

二世提出了他的计划。双方于1492年签订了《格拉纳达协定》。1492年8月3日,哥伦布率3艘船和90名船员从帕罗斯港出发向西航行到达了美洲。此后,哥伦布又分别于1493—1496年、1498—1500年、1502—1504年先后三次航行美洲。

哥伦布对世界经济最大的贡献,在于他发现了美洲,将美洲的橡胶、玉米、烟叶、番薯、可可与马铃薯等物产通过西班牙人带回欧洲后传遍了世界各地。而欧洲移民则把大麦、黑麦、燕麦、水稻等植物,以及马、牛、骡等牲畜带入美洲并生根发芽,这大大丰富了东西半球的文明交流。另一方面,从长远来看,新大陆的发现还致使西半球出现了新国家——美国,并对旧大陆的各个国家带来极大的影响。可以说,哥伦布发现新大陆具有非正义基础上的客观进步性。

16. 什么是《格拉纳达协定》?

《格拉纳达协定》是克里斯托弗·哥伦布和西班牙女王伊萨贝拉一世和国王费尔南多二世达成的一项协定,该协定是于1492年4月17日在格拉纳达的圣菲签订的,所以又称《圣菲协定书》。那么,这是一份什么内容的协议呢?

实际上,协议共有七个主要文件,分别是协议的要项、委任受衔状、致外国君主的国书、护照和三份关于准备探险船队的命令。其中的国书共有三份,一份是给中国的蒙古大汗的,另外两份是空白的,准备到时候按需要填写。事实上,1492年的中国已到了明朝。协定中对克里斯托弗·哥伦布在探航成功以后可以分享的成果作出如下规定:

(1)授予哥伦布"唐"的贵族头衔,任命他为发现和取得的一切岛屿和大陆的海洋元帅,世袭罔替;

(2)任命他为那些地区的副王和总督,而且对下属官

员有推荐提名权;

(3)哥伦布拥有在那些领地内获得的各种财富的十分之一,而且免税;

(4)哥伦布在他的新领地内拥有商务裁判权;

(5)他有权对开往新领地去的一切船只投资、控股以及分红八分之一。

依据这一协定,于1492年8月3日,哥伦布率船队开始他的第一次向西航行。

17. 达·伽马对世界经济发展的贡献有哪些?

瓦斯科·达·伽马

瓦斯科·达·伽马(1460—1524年)是葡萄牙的航海家。1497年7月8日,他奉葡萄牙国王曼努埃尔一世的命令,率4艘船约140名船员,从里斯本出发,探寻通向东方印度的海路,主要目的是找寻黄金、香料源地和发展海外贸易。船队于11月20日左右绕过好望角,1498年4月到达东非的蒙巴萨,5月20日抵达印度马拉巴尔海岸的卡利卡特。在购买了香料并留下部分随员之后,达·伽马于同年8月离开卡利卡特,1499年9月回到里斯本,被封为印度洋的海上统帅。达·伽马于1502—1503年和1524年又两次来到印度,后一次被葡萄牙国王任命为印度总督。

海洋经济

历史上是达·伽马寻找到并开通了印度航路,促进了欧亚贸易的发展。在1869年苏伊士运河通航前,欧洲对印度洋沿岸各国和中国的贸易,主要是通过这条航路进行的。这条航路的通航也是葡萄牙和欧洲其他国家在亚洲从事殖民活动的开端。该航路的开辟促进了东西方之间的商业发展,同时也开始了西欧殖民者对亚洲各国的殖民掠夺。

18. 麦哲伦对世界经济的贡献有哪些?

费迪南德·麦哲伦(1480—1521年)是葡萄牙航海家。年轻时对航海就十分神往。1517年,麦哲伦放弃了葡萄牙国籍而移居到西班牙。

1518年3月,费迪南德·麦哲伦与西班牙国王卡洛斯一世达成了《发现香料群岛协定》。1519年9月20日,他奉命率领5艘船、270名船员从西班牙的桑卢卡尔-德巴拉梅达港起航,1520年10月21日进入南美大陆和火地岛之间的海峡(即麦哲伦海峡)。同年的11月28日进入"南海",因海域风平浪静,所以"南海"又被称为"太平洋"。1521年3月16日该船队抵达菲律宾,不幸的是,在这里费迪南德·麦哲伦

费迪南德·麦哲伦

被当地的居民杀害。后来,该船队仅剩的"维多利亚"号船经由印度洋、好望角,于1522年9月6日回到了桑卢卡尔港。这次航行完成了史上的第一次环球航行,从而也证明了地球是圆形的这一事实,对科学的发展有十分重大的意义。

正是由于这次航行,麦哲伦被认为是世界上第一个环球航行的人。麦哲伦的首次横渡太平洋,在地理学和航海史上产生了一场革命。他证明了地球表面大部分地区不是陆地,而是海洋;世界各地的海洋不是相互隔离的,而是一个统一的完整水域。这次航行为后人的航海事业起到了开路先锋的作用。麦哲伦的功绩还证明,人在自己短短的一生中,可以把梦想变成现实。

19.《发现香料群岛协定》有什么具体内容?

香料群岛是位于印度尼西亚群岛中的一片岛屿,它东西分别为新几内亚与苏拉威西岛,南临澳大利亚大陆。历史上这一片群岛成为当时欧洲探险家们竞相追逐的目标。《发现香料群岛协定》是麦哲伦与西班牙国王卡洛斯一世达成的协定。该协定于1518年3月22日在巴利亚多里德签订。

协定中责成麦哲伦和其好友法利罗前去发现香料群岛,并扩大卡斯蒂王室的版图。双方在协议中明确约定,麦哲伦不得在葡萄牙王国的势力范围内进行探险。协定中对双方的权利与义务有如下规定:

(1)协定承诺麦哲伦和法利罗拥有对新开辟的航路10年的垄断权,并规定把新发现地区的全部收入的二十分之一分给他俩。

(2)协议委任麦哲伦和法利罗为新发现地区的总督。总督可以世袭,而且每年赐给他们价值1000杜卡特的商品,用皇家船只运到新发现的地区。

(3)协议对新发现的岛屿的所有权按六起价,四二分成,麦哲伦和法利罗可以获得领地上全部收入的十五分之一。

(4)首航带回的货物,他们可以留下五分之一。

(5)查理一世负责为探险队提供5艘船只和200名船员,并派人随船出海监航,来回均要求清账。

20. 为什么签订《托德西利亚斯条约》和《萨拉戈萨条约》?

《托德西利亚斯条约》是西班牙和葡萄牙两国之间划分殖民统治势力范围的一个条约。该条约于1494年在西班牙的巴利亚多利德附近一个叫托德西利亚斯村庄签订的,目的是为了解决在15世纪末由于哥伦布和其他航海者的地理发现所引起的领土争端问题。

1492年,在哥伦布第一次航行抵达美洲后,西班牙的王室就向教皇提出了取得所发现地区主权的要求。为避免矛盾,于1493年由教皇亚历山大六世颁布敕谕。该敕谕中规定在佛得角群岛以西100里格处,从北极到南极画出一条线,该线以西的领土专有权属于西班牙,以东则属于葡萄牙,两国均不得占领已经归属于基督教徒所统治的任何领土。事后,由于葡萄牙国王若奥二世认为其权利没有得到充分的承认,因而,葡、西两国的大使又在托德西利亚斯会晤并签订了《托德西利亚斯条约》。该条约虽然肯定了教皇的划分,但把分界线移到佛得角群岛以西 370 里格处。并明确规定线以西属于西班牙,线以东属于葡萄牙(葡萄牙因此在以后得到巴西)。直到 1506 年,教皇尤里乌二世最后批准了这一条约,这条分界线也被称为"教皇子午线"。根据这条分界线,美洲及太平洋各岛均属于西班牙,而亚洲、非洲则划归葡萄牙所有。

1529 年,葡、西两国又签订了《萨拉戈萨条约》,从摩鹿加群岛以东 17 度处再划分出一条线,作为两国在东半球的分界线,线西和线东分别为葡萄牙和西班牙的势力范围。就是这条由教皇担保,并由葡、西两国同意的分界线,开启了近代欧洲帝国列强瓜分世界、划分势力范围的先河。

21. 西班牙贸易署的职能和作用是什么?

西班牙的贸易署是西班牙王室最早设立的管理美洲殖民地贸易的中央机构。于 1503 年,经女王伊萨贝拉一世批准,将该贸易署设在塞维利亚。贸易署设有署长、司库、首席检察官、领港长、邮务长各一名,法官、参议官各三名以及一些较低级的官员和办事员。

该贸易署的职能主要包括:制定支配贸易、商船和战舰航行的必要规章,为从事殖民地贸易的船只颁发许可证,检查宗主国和美洲之间的货物和书籍,负责指导经济、航行资料的收集,监督地图、海图的绘制,征收商品出口税和接纳殖民地所交的各种税款与金银,审理与殖民地贸易和海运有关的诉讼案件,开办航线测量局和航海学校,控制非洲奴隶贸易,征税和维持王室的收入,等等。

1545年,塞维利亚商会成立,负责处理商人之间的纠纷,贸易署从此不再管理商务诉讼,其职权也逐渐缩小。1717年,该贸易署迁至加的斯,此后就日渐失去了重要性。1780年,在王国政府机构调整时,该贸易署被解散,完成了长达214年的历史使命。

22. 海洋经济与荷兰海上霸主地位的形成有什么联系?

荷兰有"海上马车夫"的美誉,这正是对其海上霸主地位的承认。荷兰在建立了资产阶级共和国之后,资本主义生产关系得到迅速发展,尤其是海洋经济的发展,在荷兰迈向海上霸主地位的过程中起到了关键性的作用。

荷兰当时的船队

首先,荷兰的海洋渔业发展促使其迅速积累了大量的资本。荷兰人的第一大产业就是捕捞鲱鱼。荷兰人拥有先进的捕鱼船,这种船机动性好,速度快,装有大拖网,并且甲板比较宽,捞上来的鱼可以在船上就地加工,所以荷兰比其他国家捕的鱼多得多,质量也好。在17世纪,荷兰就垄断了北海海域的鲱鱼捕捞业。荷兰依靠捕鱼业，迅速积累了大量资本。

其次，荷兰发达的造船业，为其从事经营转运贸易打下了坚实的基础。仅在阿姆斯特丹就有几十家造船厂，全国可以同时开工建造几百艘船只，而且船只的造价比造船技术先进的英国还要低三分之一至二分之一，荷兰借此成为欧洲的造船中心。

再次，遍布全球的海洋经营转运贸易，是成就荷兰海上霸主地位的关键。到1650年，荷兰拥有的商船全球第一。当时，世界的商船大约有2万艘，荷兰占有1.5万～1.6万艘。到1670年时，荷兰拥有的商船吨位已经是英国的3倍，比英格兰、法国、葡萄牙、西班牙和德意志拥有吨位的总和还要多。

综上所述，由于海洋经济的发达，成就了荷兰海上霸主地位。在整个17世纪，荷兰是世界上最强大的海上霸主，因此，被称为"海上马车夫"。

23. 你了解荷兰东印度公司的历史吗？

荷兰东印度公司，又称荷兰联合东印度公司，它是17—19世纪荷兰殖民者对印度尼西亚进行经济掠夺和殖民扩张的管理机构。该公司成立于1602年3月，总部设在阿姆斯特丹。

根据1602年荷兰议会授予的特许状，联合东印度公司不仅拥有从好望角至麦哲伦海峡广大地区贸易垄断权的商业公司，还是一个拥有国家权力的殖民机构。该机构有权从事战争、拥有武装、修建堡垒、发行货币、任命官

海洋经济

荷兰东印度公司铸造的货币

吏、缔结条约和设置法官。

1636—1645年,荷兰东印度公司达到全盛时期,是当时世界上最大的贸易公司。17世纪60年代后,该公司的活动转为殖民扩张。17世纪下半叶起,由于发生了三次英荷战争、郑成功收复台湾等事件,沉重打击了该公司的贸易和殖民活动。随着殖民地人民的反抗运动以及英国势力的渗入,公司利润大幅度下跌。到了1791年,该公司的赤字已经达到9600万盾。于1796年,荷兰政府接管东印度公司的经营,随后又在1798年接管了公司的全部财产,并承担其全部债务。到1799年1月31日,该公司宣告解散,结束了长到约200年的经济掠夺和殖民史。

24. 格拉沃利讷海战对英国称霸起到什么作用?

格拉沃利讷海战是英国与西班牙战争(1585—1604年)中的一次决定性海战。在1588年,西班牙国王菲力二世派出无敌舰队,于5月3日从里斯本出发进攻英国。8月8日,双方在加来海峡南岸城市格拉沃利讷附近的海域发生了激战。由于英舰的机动性能好,火炮射程远,并

格拉沃利讷海战

采取以火船进攻的战术,使得西班牙战舰陷入被动挨打的境地,开战第一天,一艘战舰沉没,两艘搁浅,多艘受损。第二天清晨,西班牙的无敌舰队开始向北移动,准备绕道返回西班牙。结果,途中又遇到风暴,又有许多战舰在苏格兰和爱尔兰西海岸遇难。

英国海军由于取得了这一战役的胜利,从而夺得大西洋上的制海权。而西班牙无敌舰队的这次失败严重地削弱了西班牙的海上威力。英国舰队借此次胜利,开始转向对西班牙沿岸进行劫掠性的侵袭,随后又开始争夺西班牙所属的美洲殖民地。英国就这样逐步取得了海上霸主地位,使一个仅有数百万人口的孤岛小国一跃成为世界上头号的殖民帝国,并在以后数百年中保持着世界"第一强国"和"海上霸主"的地位。

25. 英国的"船税"是怎么一回事？

英国对沿海居民征收船税的历史很久。早在诺曼时期，为了有效防御海盗侵袭英国沿海，英国政府就向沿海居民征用了船只。在伊丽莎白女王统治时期，不再征用船只，而采用征收船税的形式替代。这种船税是直接向沿海港口和沿海城市的居民征收，税额固定，逐层上交到海军大臣。

1629年，英国国王查理一世解散了议会，开始了无议会统治时期。为了弥补当时的财政空虚，国王查理一世借口英国海岸有遭到外敌袭击的危险，于1634年颁布了《船税令状》，开始向沿海诸郡的居民征收此税。1635—1637年间，查理一世又连续颁布了《船税令状》，将船税的征收推行到内地，要求王国的全部居民均需交纳，从而将船税演变成一种直接税和普遍税。当时，该规定遭到全国性的反对。1637年，英国议会反对派领袖约翰·汉普登带头拒交并申明征收船税为非法。此一议案虽经财税法庭审判汉普登败诉，但船税的合法性问题仍然存在争议。到1640年12月，英国的议会下院通过一项特别决议，宣布征收船税为非法。很快，由抗交船税而激起的抗议运动在全国蔓延开来。

26. 三次英荷战争爆发的经济因素有哪些？

荷兰和英国这两个殖民主义帝国，曾经于1652—1654年、1665—1667年和1672—1674年间进行过三次战争。第一次英荷战争起因于英国颁布了《航海条例》，排挤荷兰参与海洋贸易；第二次英荷战争起因于英国希望与荷兰争夺殖民地权利;第三次英荷战争是1672—1678年法荷战争的一部分,仍然是英国出于与荷兰争夺殖民地的考虑而爆发的。

海上马车夫与西欧海盗的较量

正像英国政治家 W. 罗利爵士1614年提出的"谁控制了海洋,即控制了贸易;谁控制了世界贸易,即控制了世界财富,因而控制了世界"那样,一名英国舰长曾于1650年用一句简单明了的话,说出了英、荷两国战争的实质:"世界贸易对我们两个国家来说,地盘太小了,因此必须有一国退出。"三次英荷战争,都是由于英国为争夺殖民地、国际贸易市场和海上霸权同荷兰进行所谓的一场"海上马车夫"与"西欧海盗"的较量,经济因素是战争爆发的主要原因。

27. 17世纪《英瑞条约》对扩展英国海上商业利益有什么影响?

《英瑞条约》是英国与瑞典两国之间的一个同盟条

约。该条约首次于1654年4月21日签订。根据条约的规定,双方相互保证对方的自由贸易权。该条约的签订,对英国在波罗的海沿岸的贸易活动扩展有积极的意义。

1655年,第一次北方战争爆发,交战的双方是瑞典和波兰。英国克伦威尔政府以支持新教国家联盟、反对天主教国家为名,在1656年再次与瑞典签订条约。条约允许一国在另一国领土上招募军队,购买军舰和辅助船只,禁止与盟国的敌人进行贸易,允许同盟国的军舰及其他船只驶入各个港口,允许英国人在瑞典占领的普鲁士和波兰领土上进行免税贸易。英国利用瑞典同波兰的战争,进一步谋取到在波罗的海的商业利益。

通过《英瑞条约》的签订,使英国在波罗的海沿岸的商业利益得到加强和保障。

28. 你了解英国东印度公司的历史吗?

荷兰于1602年3月设立了东印度公司,总部设在阿姆斯特丹。那么,英国的东印度公司是怎么一回事呢?实际上,英国早在1600年即成立了英国的东印度公司。该公司成立之初只是一个垄断性的贸易团体,享有好望角以东各国,主要是印度、中国和亚洲其他国家的贸易垄断权,英国人主要是利用东印度公司做生意。

最初,东印度公司只是在马来群岛一带进行贸易,后来,它逐渐地在印度建立了殖民据点,印度开始沦为英国的殖民地。从此东印度公司已不仅是一个垄断性的贸易团体,而且拥有军队,在殖民地建立政府机构,对殖民地人民进行残暴的政治统治、经济掠夺以至于贩卖奴隶。

随着英国工业革命的展开,工业资产阶级越来越不满由东印度公司操纵的垄断性贸易,为此,英国政府开始对东印度公司的权限进行限制。1858年,英国议会最终通过法案,正式取消东印度公司。并规定除股本以外,公司的全部财产归英国国家所有,英国内阁设印度事务大臣,印度总督改称印度副王,作为英国国王驻印度的直接代表。

英国东印度公司的纹章

29. "黑船来航"是指什么事件?

"黑船来航"是指1853年美国海军准将马休·培里率领舰队驶入日本的江户湾浦贺海面事件。

在17世纪中叶至19世纪中叶,日本推行"锁国政策",而同时期的英、美等国则进行了资产阶级革命和产业革命。西方列强以武力和商品开始向亚非拉侵略扩张,日本也成为目标之一。自18世纪末起,俄国、英国和美国先后要求日本与它们建交和通商,但是,均遭到日本政府的拒绝。

1852年,美国为开辟横跨太平洋的航路,并为捕鲸船只寻求停泊港口,便派遣东印度舰队的司令马休·佩里海军准将与日本进行交涉。1853年7月8日,佩里率领舰队驶抵江户湾的浦贺海面,强行要求日本"开国"。因为,当时美军的舰身涂的是黑漆,日本人将该舰队的船只称为"黑船"。

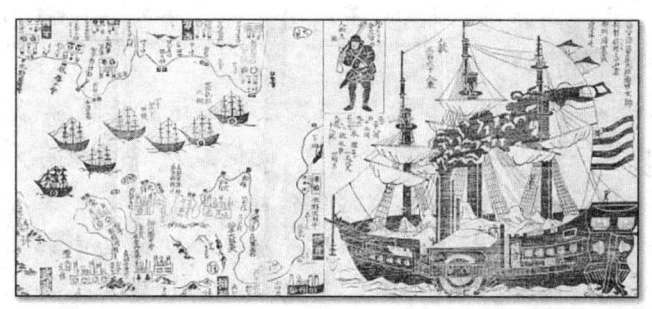

黑船图

在美国舰队的武力威胁下,1854年3月31日,当时的日本德川幕府与美国签订了《日美和好条约》(通称《神奈川条约》)。该条约规定,日本将开放下田、箱馆(今函馆)两个港口作为美国来往船只的停泊港,并给予美国最惠国待遇。1858年,日本又被迫与美国、荷兰、俄国、英国、法国分别签订了通商条约,总称为《安政条约》。受到"黑船来航"的刺激后,日本决心实行"开放政策",推行现代化建设,特别是海防现代化,包括培训人才、建造军舰和创办船厂三大方向,并取得明显的成效,从而揭开了日本近代史序幕。

30. 德意志殖民协会和殖民公司是什么组织?

德意志殖民协会,是德国殖民主义者组织之一。该协会于1882年12月在法兰克福成立,主席是霍亨洛埃-兰根堡,成员多为工业家、银行家等上层人物。

德意志殖民协会宣传的主要论据是假使德国想成为第一流的强国,它就必须像其他强国一样拥有殖民地,并极力主张进行海外扩张和推行殖民政策,鼓动德国政府在东非和南非进行扩张,为德国大资产阶级夺取商品市场和原料产地。

该协会的机关刊物是《殖民政策通讯》(后改为《德国殖民地报》)。它鼓吹海外扩张,促使政府实行强有力的殖民政策,建立殖民地,以容纳德国的"过剩人口"。在其鼓动下,1883年不莱梅商人吕德里茨骗购的西南非洲地区受到德国政府保护;1884年纳赫迪加尔宣布多哥和喀麦隆为德国的"保护地";1885年彼得斯建立了德国东非公司。该协会还宣布1884年4月24日为德国殖民政策的"诞生日"。

到了1887年,德意志殖民协会与德国殖民公司联合组成了德意志殖民公司。公司经理先后由霍亨洛埃—兰根堡和彼得斯担任。该公司旨在促进政府实行强有力的殖民政策,推行军国主义。当时,该公司的殖民扩张思想在教育界影响甚大。

31. 日本近代海运业迅速发展的原因是什么?

日本是一个岛国,它的陆海环境为日本海运业的发展提供了最为有利的条件。与其他运输工具相比,海运的成本最低,其运输费用大约比火车低七成。但一直到19世纪末,日本的海运业发展仍比较落后。如1894年,外国商船在日本的对外贸易中仍占压倒优势,据统计,88艘外国船只获取的海上运费高达2027万日元,而12艘本国船只则仅为125万日元,约为十六分之一。

到了近代,由于日本政府很重视发展海运业,从而促使其有了快速的发展。日本近代海运业迅速发展的原因有三个：

第一，出于军事、经济发展的需要，日本政府加紧推行保护和促进造船业与海运业发展的政策。1896年，日本政府不仅制定了《航海奖励法》，而且大力促进了该法的实施，奖励远洋航运，鼓励大型高速船舶的建造和使用。在1910年又出台了《远洋航海补助法》，替代之前的《航海奖励法》，对建造一些大型、高速船只的行为进行专项补助。

第二，甲午战争和日俄战争促进了日本航运业的繁荣。为了战争的需要，日本政府一方面大量购入优质的外国船只，一方面加紧建造新船。在战争结束后，这些船只多被用于开辟海外航线，日本航运业实现了飞速发展。

第三，航海人才的培养和港口设施的逐渐完备，是日本航运业快速发展的重要基础条件。以航海人才的培养为例，日本政府大力新增学校以培养高级海运人才。1887年，在有资格担任船长的船员中，日本本国人有74人，而外国人则是189人。到了1908年，仅仅行驶于海外航线上的36艘船上的371名高级船员中，外国人仅有48名，其余均是本国人，本国人才的培养效果明显。正是在国家的支持下，近代日本近海与远洋的航路都不断得到开辟和扩大。

32.《日俄贸易与航海条约》是什么性质的条约？

《日俄贸易与航海条约》是日本争取同欧洲国家处于平等地位的一项条约。这个条约是日本和俄国两国政府于1895年5月27日在彼得堡签订的。

按照此规定,《日俄贸易与航海条约》取代了日俄两国于1855年、1858年、1867年签订的不平等条约及其补充协定。俄国在日本享有的领事裁判权及其一切特权均被废除。两国重新确立了贸易与航海的相互自由以及关税、贸易与航海等方面的最惠国待遇原则。但在条约所附的宣言中还规定:1875年日俄关于以千岛群岛交换库页岛的条约仍属有效。

《日俄贸易与航海条约》是在日本国力增强、国际地位不断提升并进一步争取民族独立的背景下签订的。它虽然没有完全废除与俄国之前达成的不平等约定,但无疑有着巨大的积极意义。条约中关于两国航海、关税、贸易等方面的规定,对日本后来海洋经济的发展起到了积极的推动作用。

33. 美西海战在美国崛起中的作用如何?

美西战争实质上是美国新殖民主义战胜和取代西班牙老牌殖民主义的一场战争。在这场战争中,海战起了举足轻重的作用。此次美西战争对美国经济实力的增长更起到直接的推动作用。

美国是一个后起但却发展迅速的帝国主义国家。19世纪末,美国急切需要向海外扩张,但19世纪末的世界已被老牌殖民帝国的大国瓜分完毕,美国只有从这些国家手中抢夺殖民地。在权衡之下,美国选中的第一个攻击目标是被马汉称为"没有牙齿的老丑妇"的西班牙。1898年,美西战争爆发。在这期间发生了两次重要的海战:马尼拉湾海战和圣地亚哥海战。战争的最终结果是美国完满取胜,而西班牙大败。

美西海战

美西战争标志着一个旧的殖民帝国的没落和最后瓦解以及新兴的美帝国主义的诞生,昔日不可一世的日不落帝国失去了它最后的主要殖民地。于1899年,西班牙廉价拍卖了太平洋上的马绍尔群岛、加罗林群岛等近千个岛屿。

美国通过这次战争,不仅把自己的势力范围扩张到加勒比海地区,还扩张到了太平洋。美国国家经济实力也因此获得了较大的增长,向世界强国又迈进了一大步。

34. 冰岛与英国的"鳕鱼战"是怎么回事?

20世纪70年代的"鳕鱼战"是冰岛和英国因捕捞鳕鱼而发生的一次国际性争端。

鳕鱼是一种西方人爱吃的海鱼。自18世纪60年代以来,欧洲尤其是英国对于鳕鱼的捕捞量越来越大。而欧洲鳕鱼主产区就在冰岛海域,因此,冰岛开始担心他们赖以生存的鳕鱼资源会濒于枯竭。1958年,冰岛政府宣布将领海扩展到距海岸12海里的范围,并要求其他国家船只离开该海域。1972年,冰岛政府又将其领海扩至50海里。1975年,再次扩大至200海里。

英国政府拒绝承认冰岛擅自规定的领海划分,并派军舰进入冰岛海域为本国的渔船护航。自1958—1976年,冰岛与英国先后发生了三次"鳕鱼战"。1976年2月

冰岛与英国的"鳕鱼战"

冰岛政府宣布与英国断交,随后英国军舰撤出争议海域。在双方达成的新协议中,仅对英国船只在冰岛200海里内捕鱼作出一些限制,同年6月两国复交。后来,冰岛宣称的200海里的海洋界限,被定义成海洋专属经济区,在1976年以后获得国际上的广泛承认,大多数国家也宣布自己的200海里的海界。冰岛政府的举动保护了自己的

权益,同时也改变了整个世界的海洋游戏规则。

35. 什么是希土爱琴海争端?

自20世纪20年代以来,希腊和土耳其两国在爱琴海的岛屿、大陆架、领海等问题上一直争议不断。希腊根据1958年日内瓦关于岛屿有岛屿架的有关规定,认为爱琴海绝大部分大陆架应归属希腊。而土耳其则认为,爱琴海东部海底是土耳其小亚细亚大陆的自然延伸,希腊靠近土耳其的岛屿是土耳其大陆架"升起部分",因而希腊不应该享有岛屿架,双方为此不断发生摩擦。

1987年2月,希腊政府宣布将在有争议的海域寻找石油。同年3月,土耳其就派出一艘石油勘探船在军舰护卫下进入了有争议的海域,致使两国矛盾进一步激化。于1988年1月,两国总理终于在瑞士坐下来会晤,双方均保证不以武力解决分歧,但争端却并未就此平息。

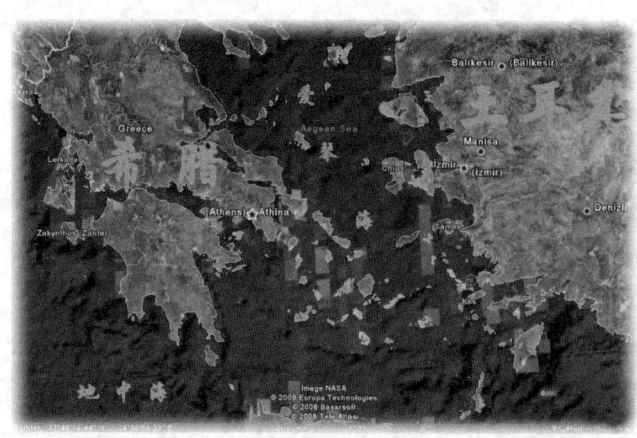

爱琴海地图

1996年1月,双方又在距离土耳其不远的小岛伊米亚岛主权问题上发生了冲突,后来在美国调解下双方达成脱离接触协议。同年2月15日,欧洲议会就伊米亚争端专门召开会议,强调"希腊的边界是欧盟外界边界的一部分",土耳其必须"遵守国际条约"。当时的欧盟主席呼吁两国通过"国际仲裁"或海牙国际法庭来实现"和平解决"。表面上看,希土两国的爱琴海争端是双方对划界问题的不同意见,实质上,海洋划界的争执,还有对海洋资源归属权的重要考量。

36. 你了解欧加渔业纠纷的来龙去脉吗?

欧加渔业纠纷指的是欧盟和加拿大之间在海洋渔业捕捞配额问题上的争端。它的起因是加拿大政府指责欧盟成员国西班牙和葡萄牙的捕鱼船队在紧挨其200海里海域之外的地方有滥捕行为,而欧盟国家则抱怨双方的捕鱼配额分配不公,呼吁改革产生捕鱼配额不公的北大西洋渔业组织的表决制度。

1995年2月,北大西洋渔业组织为划分1995年大比目鱼的配额举行了一次会议。在会上,双方的争吵十分激烈。由于会议就大比目鱼的配额没有达成一致意见,加拿大提议投票表决。而表决的结果是加拿大配额增加到1.63万吨,欧盟的配额减为3400吨。在表决之后,欧盟渔业组织表示拒绝接受并提出上诉,实际上是终止了这项表决协议。在1995年3月上旬,加拿大单方面宣布,它有权扣留在其200海里海域之外有滥捕行为的渔船,同时,加方宣布在北大西洋海域暂缓捕鱼60天。同

海洋经济

年3月9日,加拿大在大西洋北部的国际水域又扣留了西班牙的一艘渔船,欧加双方的矛盾逐步升级。为了缓解双方矛盾,于4月16日,欧加双方在布鲁塞尔终于达成了关于在大西洋北部海域捕鱼的协议。4月17日,欧盟就正式批准了该协议,至此,欧加的渔业纠纷告一段落。根据该协议,西班牙1995年可以在大西洋纽芬兰海域外公海再捕捞5031吨大比目鱼,并在这一海域享有欧盟80%渔业资源的捕捞权。欧盟还就1996年在西北大西洋捕捞大比目鱼达成了协议,规定加拿大可以在其200海里领海内捕捞7000吨格陵兰大比目鱼,欧盟可捕捞剩余的大约55%的大比目鱼。欧加双方新达成的渔业协议作为北大西洋渔业组织进行监督执行的重要依据。

海洋经济

追寻民族海商踪迹

37. 我国海洋经济历史的特点有哪些?

通过图书、报纸、杂志的学习以及对电视、网络的浏览,人们对海洋经济这个词一定不会陌生。那么,我国历史上有没有海洋经济的存在?如果有,它有哪些特点呢?

纵览我国海洋经济的发展史,我们会深深地感受到我国海洋经济的发展历史十分悠久。可以将其特点归纳为以下几个方面:

(1)我国海洋经济历史悠久。早在史前时代,我国先民们就在沿海地区居住,海洋开发活动由此开始。自南向北,由沿海、陆域到海岛,到处都留下了先民开发的痕迹。

(2)我国历史上的海洋经济发展,呈现门类齐全、全面发展的特征。尤其是在古代,以海盐业、海洋捕捞业和海洋运输业为基本内容的海洋经济门类,一直得以平稳发展。

(3)我国历代政府的海洋管理政策,对海洋经济的发展影响均较大。如元代统治者重视海运漕粮,从而使元代海运业取得空前发展;又如明清两代,在一些时期,统治者采取了严厉的海禁政策。

(4)鸦片战争之前,我国的海洋经济处在自主、平稳发展时期。但鸦片战争以后,西方海洋势力开始强行介入。由于受到大量不平等条约的制约,以及西方殖民者的干涉,我国海洋经济发展进入一个屈辱的阶段:沿海港口被迫向西方列强敞开;许多地区成为外国殖民者的租界;西方列强派代理人对我国的经济甚至内政方针横加干涉。

(5)我国历代的海洋经济发展,既促进了沿海地方的开发,也促进了邻近国家的发展。如我国历代民众前往日本列岛、朝鲜半岛及东南亚各地的移民活动;如"海上丝绸之路"、"郑和下西洋"、"朝贡贸易"等的经商活动,都有力地促进了中外交流,加快了地区经济的发展。

总之,在我国海洋经济发展的道路上,既有成绩、辉煌,也有曲折与屈辱。它将激励和鞭策着我们,深刻吸取历史的经验教训,促进当今海洋经济的可持续发展。

38. 我国的海洋开发活动开始于什么时候?

我国沿海地区自有人类长期居住以来,海洋开发活动就开始了。"靠山吃山,靠海吃海"说的就是这个道理。

自20世纪以来,我国沿海地区相继发掘出大量的旧

珠江口岛屿的沙丘遗址

石器、新石器时代的墓葬、贝丘遗址和沙丘遗址,这些贝丘遗址、沙丘遗址就是古人类食余弃置物的堆积层,是当时人类生活的遗存。贝丘遗址广泛分布于我国沿海地带、岛屿上,而沙丘遗址主要分布在我国的东南沿海。这些遗址里面往往保存了当时人类的文化和生活遗物。如山东胶州三里河遗址灰坑中发现的大量海产贝壳、鱼骨和大片鱼鳞堆,在墓葬中发现了种类繁多的用以随葬的海产鱼;香港新石器时代沙丘遗址文化层中发现的海豚等的遗骸及大量贝类软体动物;东南沿海考古发掘出的大量有段石锛,它是新石器时代沿海造船时常用的工具。

以上资料证明,当时沿海的先民们已经以海洋生物作为食物来源,进行基本的采拾、捕捞的渔业生产活动;他们还利用打磨石器为工具建造简单的船只,用在沿岸航行。古书里说的"作结绳而为网罟,以佃以渔"、"刳木为舟,刻木为楫"等都是有考古资料为证的。所以说,在旧石器时代和新石器时代,我国沿海地区就已经出现了有意识的海洋开发活动。

39. "东夷"的海洋开发活动有哪些?

"夷"是先秦时期对非华夏民族的泛称,泛指北从环渤海、南到江淮一带的中国东方各族。由于是地处中原的东方,"夷"又常被后代称为"东夷"。春秋战国时期,东夷开始逐渐与华夏民族交流和融合。到了西汉时期,我国已无夷、夏之别了。

在古代,"夷"、"海"两字是同义。居住在沿海地区的"东夷"与海洋的关系十分密切,是我国北方最早进行海

东夷作战想象图

洋开发活动的群体。由于受海洋环境的影响,居住在滨海地区的东夷人,其日常生产、生活活动与海洋联系紧密。他们以简单的采捕手段,从海洋里获得贝、鱼、藻类等海洋生物作为食物来源;利用贝壳、鱼骨制作箭、铲、刀之类的生产工具;东夷人借舟楫之便,开通了我国沿海地区最初期的短程沿岸航线;他们往返于陆地与海岛之间,是我国沿海岛屿的早期开拓者。

40. 古越人的海洋开发活动有哪些?

古越是对我国战国及秦、汉时期从交趾到会稽之间沿海地区以及该地区土著居民的泛称。这一地区大约相当于今天我国的江苏、浙江、福建、台湾、广东、广西以及越南的北部。由于古越是多部落的集合体,不是单一的民族,所以又被称为"百越"。

根据史籍的记载,那时濒海而居的古越人以船为车,以桨为马,与海洋结下了不解之缘。舟船在这些古越人生活中有着重要的作用,从而造就了古越人造船活动的

海洋经济

浙江发现的古越人文字

兴盛。自河姆渡遗址一直到春秋战国秦汉时期的古越地区的其他遗址中，发掘了大量与当时造船相关的考古资料。另外，海洋捕捞和海产品加工在沿海古越人生活中也占有重要地位。史籍中还有他们向商王进贡鱼制品的记载，这些都说明了当时的古越海洋渔业已发展到一定规模。

41. 齐国是如何通过开发海洋变成强国的？

齐国是西周和春秋时期的诸侯国之一，它的疆域最初在今天山东偏北。到了齐灵公时期，它的领土北至黄河，西至济水，南至泰山，东至大海，是春秋五霸之一。到齐桓公时期，齐国的国力达到顶峰。追述其国力强大的原因与其重视工商、开发海洋的经济政策有很大关系。

在齐桓公成为齐国的国君以后，他任命管仲为宰相，实行了一系列的改革措施。在经济改革方面，管仲

管仲

实施了"官山海"的政策。这一举措就是充分利用海洋资源，重视发展渔盐经济。其中，实行的盐、铁由官方专卖的政策，是我国历史上的首次尝试。它主要包括了三个方面的内容：

第一，齐国由地方统计吃盐人的性别、年龄并登记在册，称为"盐策"，采取按户籍供盐的方法，从而加强了国家对所售食盐的掌控；

第二，将国家原本要征收民众的实物税隐形加入到盐价中，既化解了征税的难度，又不会导致民众的反对；

第三，将制盐权下放到普通民众手上，鼓励大家伐薪煮盐，由官方统一征购销售。

当时的盐、铁专卖政策成为齐国稳定、壮大的财政来源，为齐国国力的强大奠定了经济基础。一系列的海洋开发活动，更使齐国跻身于强国之列，成为当时著名的"海王之国"。

42.《管子》记载了哪些海洋经济与管理的思想？

《管子》是战国时期多个学派的论文汇集，相传作者是春秋时期齐国的管仲。它的内容很繁杂，包括了法家、儒家、道家、阴阳家、名家、兵家、农家的思想，涉及政治、经济、法律、军事、哲学、伦理道德等多个

《管子》

方面。

《管子》中还记载了许多有见地的海洋经济开发与管理的思想。比如：

(1)重视海洋经济在国家财政中的地位。《管子》这部书认为,要提高中央的收入,不能仅靠增加房屋税、树木税、牲畜税、人口税等手段,应该通过官方专营山海资源来实现。因为前者只能激化国家与人民间的矛盾。

(2)官民结合发展海洋经济。如海盐业,官方应该鼓励沿海居民制盐,再由国家统一征收和销售。

(3)内陆国家应借助沿海国家的海洋产业达到自己富国的目的。内陆国家可以通过统一收购沿海国家的海盐,再贩卖给本国人民,以增加中央的收入。

43. 我国古代盐法是如何演变的？

我国制盐业历史悠久,最早可追溯到黄帝轩辕氏时期的夙沙部落煮海水制盐。后来,制盐的收益被统治者看重,历代统治者便开始积极管理盐的生产、运输、销售、征税等环节,由此所形成的各种制度,就形成了盐法。因为历代王朝不断更迭,所以盐法也由简而繁,由疏到密,日渐完备起来。

在历代的盐法演变中,大致经历了以下几个阶段：

(1)春秋时期,在管仲当上

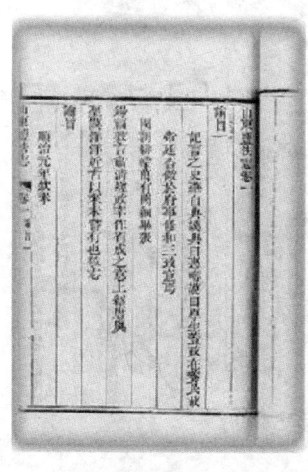

《山东盐法志》

齐国的宰相以前没有专门的盐法可言,人们可以自由从事盐业生产,国家不过多干涉。

(2)在管仲当上齐国的宰相以后,对盐的生产、运输和销售等加以管理,这成为我国盐法形成的标志。

(3)唐朝玄宗皇帝之前,我国的盐法主要规定人民可从事盐业生产,国家则对他们征收盐税。

(4)唐玄宗开元年间,我国盐法已经正式形成了食盐专卖制度。在之后的近千年间,食盐专卖制度日益完善。

44. 我国海洋渔业的历史可分为几个阶段?

我国海洋捕捞业有着悠久的历史,而捕鱼活动又是我国沿海居民海洋开发的第一步。它从零散的捕捞活动开始,逐步发展到一个海洋经济产业,大致经历了以下几个阶段:

19世纪中期清朝的大型渔船

(1)沿海采捕。受捕鱼工具的限制,史前时代的沿海居民是在潮间带和沙滩以及沿海浅水地区采拾贝、蟹、虾等海洋生物。

(2)近岸捕捞。商代以后,随着鱼钩、渔船等工具的出现,人们开始进入海洋进行沿岸捕捞。

(3)近海捕捞。秦汉时期到近代以前,随着海洋开发的深入,捕鱼范围扩展到了近海。这一时期,近海渔场得到开发,海产品加工业产生,海水养殖出现。

(4)近代渔业。19世纪中期以后到20世纪50年代前,由于机轮渔船的出现,我国海洋渔业进入新的阶段,渔业开始向远洋发展。可惜,因连年战乱发展时断时续。

(5)现代渔业。20世纪60年代以后,随着渔船马力的增大,捕捞能力不断增强,但海洋渔业资源却开始衰退。出现了海水养殖业,并形成了藻、虾、贝、鱼、海珍品(海参、鲍鱼)的五次养殖浪潮。

45. 我国古代有没有开发出特色海珍品?

特色海珍品的开发是我国海洋渔业发展进程的另一个指标。在古代,随着海洋开发活动的深入,沿海居民开发出许多有地方特色、驰名全国的海珍品,极大地丰富了我国饮食文化的内容。

海参、鲍鱼(古代称作鳆鱼、石决明等)、鱼翅、西施舌、海马等海产品的食用、药用价值很早就被沿海居民所认识。以鲍鱼为例,它的肉质嫩滑、滋味鲜美、营养丰富,受到人们青睐。另外,中医也认为鲍鱼有重要的药用价值。而在古代,由于鲍鱼资源稀少,采捞难度大,这是它成为名贵海味品的重要原因之一。古代的君王贵族中不乏鲍鱼的爱好者,如王莽、曹操都非常喜欢鲍鱼,以致每到曹操的忌日,他的后人们在祭祀中就少不了用鲍鱼。鲍鱼还经常成为古代君王赏赐属下、地方上贡皇室的贵重礼物呢。

46. 什么是"海上丝绸之路"?

大家都知道丝绸之路,但对"海上丝绸之路"你又能了解多少呢?海上丝绸之路,又名"陶瓷之路"、"香药之路"。它是我国古代经由海路通往东北亚、南亚、西亚、非洲和欧洲的对外贸易通道。

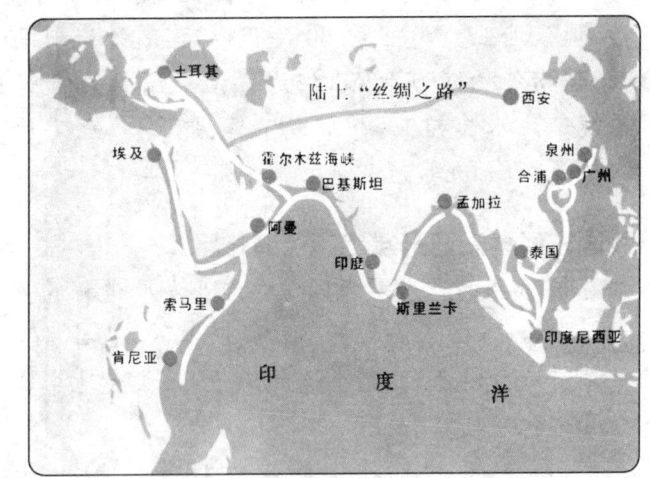

陆上"丝绸之路"和海上"丝绸之路"

海上丝绸之路可分为两条主要航线,即东海航线和南海航线,两者中以南海航线为主。东海航线的起点主要有山东的沿海港口、宁波等,终点是今天的朝鲜半岛和日本列岛。而南海航线的起点主要有泉州、广州、徐闻、

海洋经济

合浦等,它是通往亚非、亚欧等地交流的大通道,也是最古老的海洋贸易航线。海上丝绸之路形成很早,东海航线在商周时就已经形成;南海航线形成是秦汉时期,发展于三国隋朝时期,繁荣是在唐宋时期,转变却是在明清时期。就形成的时间而言,海上丝绸之路比陆上丝绸之路的历史更为悠久。海上丝绸之路的开辟,使中国当时的对外贸易非常兴盛。

47. 朝贡贸易是怎么回事?

朝贡就是朝拜和进贡的简称。在古代,我国中央政府与周边许多国家均建立起所谓的臣属关系,这些国家会定期来我国朝拜进贡,同样,我国各代朝廷也会以实物加倍赏赐它们。进入唐代后,这种朝贡关系又发展成了特殊的贸易关系。当外国政府前来我国朝贡时,还会附

清朝《万国来朝图》中的暹罗国的代表

带装载一些商货来我国销售,这种贸易是以盈利为目的的。例如在唐代,东南亚、西亚一些国家的贡使前来朝贡时,由海上自泉州登陆,除了携带给唐朝皇帝的贡品外,还携带些本国的商品来中国进行贸易。当时的唐朝政府在对其征税后,允许自行贸易。自唐代到清代,这种朝贡贸易关系一直持续下来。当然,历代对朝贡贸易均进行了有效的管理。如对不同的国家有不同的朝贡时间、朝贡次数、登陆港口等方面的限制。朝贡贸易,是古代中国与其他国家贸易往来的主要形式,是一种较为特殊的海外贸易方式。

48. 市舶司是什么机构?

市舶司是我国古代管理对外贸易的专职机关。最早的市舶司是唐玄宗开元年间(公元713—741年)在广州

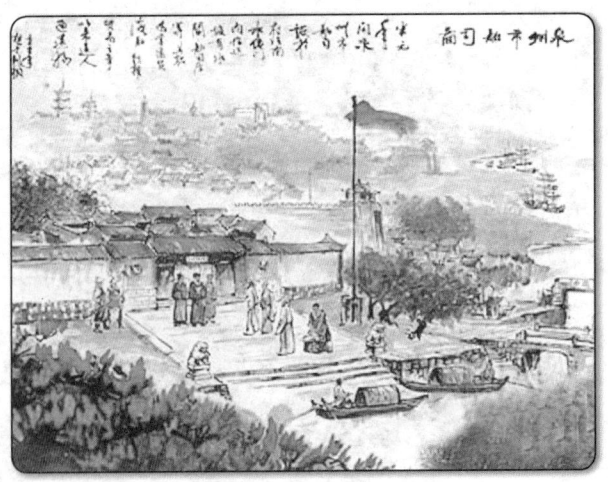

国画《泉州市舶司图》

海洋经济

设置,随后的宋、元、明三朝均设有此机关。以宋代为例,宋朝先后在广州、杭州、明州(今宁波)、泉州、密州(今山东诸城)等地都设立市舶司或市舶务。

市舶司的主要职责是:①发给海商出口许可证;②检查进出口货物;③对进出口货物征收市舶税。宋代时非常重视海洋贸易,市舶收入也是宋朝财政收入的一项重要来源。元朝时还制定了两个市舶司的法则,明确规定了市舶司的职责范围。历史上我国市舶司的设置,使海外贸易管理进一步走向了制度化。

49. 你了解元朝的海运漕粮活动吗?

我国元朝的首都(今北京)的粮食供应主要是来自于南方的产粮区。而当时元朝的统治者就选择了以海运为主、内河运输为辅的手段来调拨这些粮食。他们是将粮食先沿海路运到天津,再经内陆河道运到大都,这就是所谓的海运漕粮。

就海运的粮食数量而言,第一次海运属于试行,仅仅海运粮食4万余石,后来的海运粮食逐渐增加到50余

元代海上漕运示意图

万石。此后,运往大都的粮食以海运为主、内河运输为辅。海运数量最多时达到 350 余万石。

海运漕粮是自元 19 年(1282 年)开始实行,一直持续到元末至正年间。历史上的海运漕粮活动,充分证明了海洋运输的便捷、快速和低成本。通过海运活动也促进了沿海航线的开发,加深了人们对沿海水文、气象的掌握,对沿海城镇的繁荣和发展也起到了巨大的推动作用。

50. 郑和下西洋对明朝的国际贸易有什么影响?

于 1405—1433 年间,我国著名大航海家郑和奉明朝皇帝之命,先后七次率船队出使东南亚、南亚以及南亚以西的 30 多个国家和地区,最远到达了非洲东岸肯尼亚的蒙巴萨。

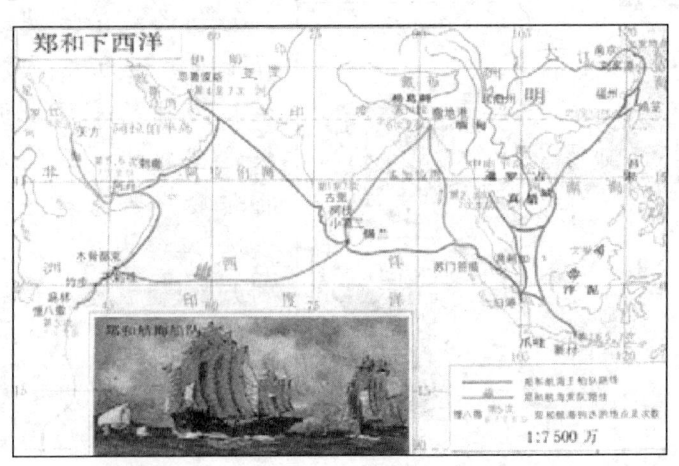

郑和下西洋示意图

郑和七下西洋,既是我国古代航海史、外交史上的壮举,也有力地推动了我国明初国际贸易的发展。这主要表现在两个方面。

第一,朝贡贸易。郑和下西洋前,与我国发生朝贡贸易的海外国家、地区仅有20余个。郑和下西洋将这个数字增加到60余个。

第二,国际贸易与互市。郑和七下西洋的船队往返于我国与亚非各国和地区之间,进行了大规模的国际贸易与民间互市活动。船队还在满剌加、忽鲁谟斯、古里等地建立了航海贸易据点,使中国与这些亚非国家间的国际贸易有了长足的发展。

51. 倭寇侵扰是指什么事件?

倭寇,是古代中国对侵袭我沿海地区的日本海寇以及与他们相勾结的我国沿海奸民的统称。自元朝末年至明朝万历年间,一些日本武士、浪人、海盗、海商和沿海渔民,勾结我国沿海地区的奸民,不断在我国沿海进行侵袭、抢掠活动,时间长达300余年之久。

明代抗倭交战图

倭寇主要是在今天的山东、江苏、上海、浙江、福建、广东沿海一带活动,大肆烧杀抢掠,危害百姓,无恶不作。江浙一带是倭寇侵扰的重灾区,先后有数十万民众被杀。倭寇除了直接侵扰抢劫沿海地区以外,还利用当时的朝贡贸易机会,他们载运一些货物和武器,遇到明朝官兵,则谎称来明朝入贡,趁我国沿海民众没有防备,又肆意抢掠。在我国历史抗倭名将戚继光、俞大猷的带领下,明朝军民逐渐肃清了倭寇。当时的倭寇活动,不仅直接威胁到我国沿海民众的生命财产安全,也对我国沿海地区的海洋经济活动产生了巨大的破坏作用。

52. 月港在明代海洋贸易中的地位如何?

历史上所说的月港,就是在今天的福建省漳州市沿海,地处九龙江的入海处。这里水陆交通便利,经济腹地广阔,非常适合海外贸易的发展。

今天的月港

在宋元朝以后,月港的民间海外贸易逐渐兴起。到了明朝的正德至嘉靖年间(1506—1566年),月港已经发展成为我国东南沿海最大的民间海外贸易港。月港民间海外贸易的繁盛,也得到了明朝政府的承认。

隆庆元年(1567年),明朝政府正式在月港开设了对外贸易的"洋市",月港成为当时中国唯一合法的民间海外贸易口岸。在之后的50年间,月港进入了全盛的发展时期。它拥有7条通往西洋、3条通往东洋的直航航线,成为我国东南沿海对外交通贸易中心,以及当时从中国经马尼拉(吕宋)至美洲的"海上丝绸之路"的主要启航港。

月港海外贸易的兴盛促进了漳州手工业的发展,也带动了漳州石码、浦头、东山等周边港口的崛起。因此,月港享有"闽南一大都会"、"天下小苏杭"的盛誉。

53.《东西洋考》是一部什么图书?

《东西洋考》

《东西洋考》是我国明朝万历四十五年(1617年)刊印的一部著作。它的作者是当时漳州府龙溪县(今漳州市龙海县)人张燮(1574—1640年)。

万历年间漳州府的月港已经成为当时全国最大的外贸港口,与东洋、西洋各国均保持着密切的贸易关系。中外频繁的贸易往来,急需一部介绍东西洋各国风土人情的著作,《东西洋考》正是适应这种形势的需要而编写而成的。

《东西洋考》的内容大致有5个方面:①记载东、西洋40个国家的沿革、事迹、形势、物产;②记载水程,东、西洋线路,海洋气象,潮汐;③记载我国沿海地区在南海诸岛的航行活动、造船业、海船组织等情况;④收录了秦汉以来中外关系的有关史料及宋、元、明三朝中外关系的有关文献;⑤保存了大量明代后期漳州地区商品经济发展以及海外贸易的基本资料。《东西洋考》对研究中外关系史、经济史、航海史、华侨史等都具有很高的史料价值。

54. 闽粤移民对台湾的经济开发有哪些贡献?

自古以来,祖国大陆与宝岛台湾之间的移民活动均十分频繁。在台湾经济开发的历史上,闽粤移民占有最重要的地位。

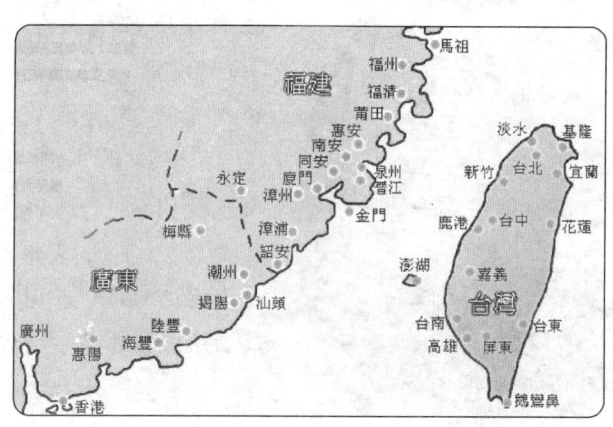

闽粤移民台湾示意图

在宋元朝时期,闽粤人就移民台湾的澎湖岛,从事一些农业、渔业活动。从明朝开始,闽粤沿海地区的民众开始有意识地移民台湾。尤其是清朝统一台湾后,台湾岛的地方政府出台政策以招揽大陆流民移民台湾。自此,大陆移民台湾进入了历史高潮,直至清末,移民活动从未间断过。闽粤移民定居台湾以后,有力地推动了台湾的经济开发。这些来自大陆的移民,带来了先进的生产技术和生产工具,他们或深入内地、山区,寻找土地,开荒拓殖,或聚居沿海港口,从事渔盐商贸,使台湾岛上的农业、手工业、商贸均有了长足的发展。经过几百年的开发,台湾从一个人迹罕至的荒岛,发展成了祖国著名的宝岛。

55. 你知道我国民众移民东南亚的历史吗?

清代人移民东南亚

今天在海外,华人华侨遍布世界各地。但是,哪里的华人人数最多呢?根据统计,东南亚的华人人数约占世界各地海外华人总数的80%,是海外华人最密集的地区之一。这个现象是由历史上的移民活动造成的。

我国向东南亚移民的历史可以追溯到汉代,而明清两代则是移民更为集中的时间段。其中,清代康熙皇帝开海禁以后和1840年鸦片战争以后,都是我国移民东南亚的高潮时间段。在17世纪下半叶,爪哇岛上共有5万多名中国人,至18世纪初,仅巴达维亚市(雅加达)就有10万多华人。

东南亚的中国移民,主要来自于福建、广东沿海。他们在东南亚各国从事农业种植业、手工业、商业、渔业、矿业等行业。还有许多移民从事的是苦力劳动,他们参与了当地铁路、港口、街道、商店、住宅的建设,通过辛勤劳动对所在国家的经济发展和社会进步作出了巨大贡献。

56. 葡萄牙殖民统治对澳门经济发展的影响有哪些?

澳门原本是明朝香山县的一个小渔村。在1554年左右,葡萄牙借口取得当地明朝官员的允许暂住,此后逐渐发展到长期占领,最终将澳门发展成为葡萄牙的殖民地。

1844年的澳门南湾

在葡萄牙殖民澳门期间,它的殖民政策对澳门经济产生了多方面的影响。这表现在以下几个方面:

(1)传统产业比重较高,商贸发展昙花一现。自葡萄

海洋经济

牙殖民者占领后,澳门长期以渔业、神香、火柴和爆竹等传统产业为主,最初的贸易中转港的地位很快被香港取代,曾经辉煌的转口贸易发展逐渐衰落。

(2)鸦片贸易合法化。1802年,葡萄牙政府公然发布命令,给予葡萄牙商人向澳门出口鸦片的特权,从而使澳门成为一条鸦片通向中国大陆的重要通道。

(3)大力发展博彩业。葡萄牙殖民当局借口尊重澳门的风俗民情,对赌博活动不但不予以制止,还于1847年宣布赌博合法,大力发展博彩业,使澳门成为"东方拉斯维加斯"。

57. 古代的"海禁"政策对沿海社会经济有什么影响?

"海禁"是一项限制和禁止沿海民众私人出海从事海洋活动的政策,它是自我国元代产生,明、清两代又时常采取的一项管理措施。

早在元代,朝廷为了防止倭寇侵袭,曾经颁布过几道海禁令,但时间持续均不长。而明代却一直施行海禁政策,只不过是时松时紧而已。沿海民众犯禁私自下海从事贸易的活动屡禁不止。政府有时迫于形势,甚至还有时开放海禁。明代初期,朱元璋只允许朝贡贸易,严禁私人海外贸易。他再三下令规定沿海居民不许与外国洋人贸易,还在沿海地区修筑海防,建立巡检制度。明朝的其他几个皇帝,也多次下令重申海禁。到了清代初期,为孤立台湾的郑成功集团,也实行海禁。还颁布了"迁海令",要求南方沿海的居民内迁,远离海岸15千米~25千米居住,商船、民船一律不准入海。这种迁海令实行了20多年。

古代爪哇市场上的中国商人

这种海禁政策的颁布,虽然没能有效阻止沿海居民私人海外贸易,但它在相当程度上阻碍了沿海地区的海洋开发活动,对沿海各地区的社会经济造成了严重破坏。

58. 荷兰占领对台湾的经济发展有什么影响?

在17世纪初,当时世界新兴的海洋强国荷兰占据了我国的台湾岛。自1624年建立第一个商馆到1662年被郑成功攻下台湾,荷兰占据台湾总共38年。

在这期间,荷兰人实施了一些新的经济措施,对台湾经济产生了一定的影响。这些经济措施有以下几个方面:

(1)吸引大陆移民,鼓励闽粤地区民众移民台湾。

(2)发展传统产业。荷兰人积极奖励民间种蔗制糖,发展传统的农耕、捕鱼和狩猎等行业。

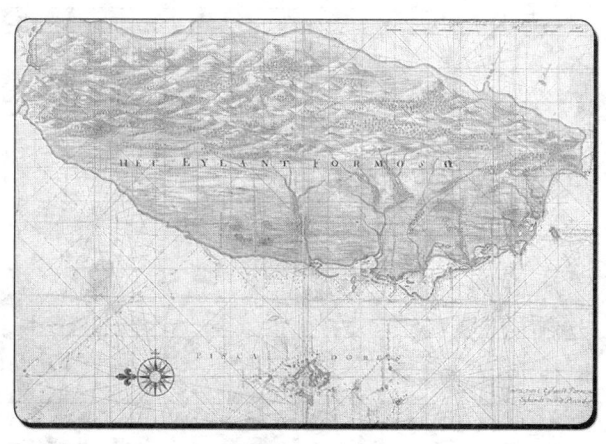

荷兰东印度公司绘制的台湾地图

(3)重点发展海洋贸易。荷兰人是典型的重商主义者,他们将岛内的生产与海外贸易结合起来,即便是传统的农耕渔猎,也带有浓厚的商业味道。

不争的事实证明,荷兰对台湾经济开发的本质是为荷兰人自己服务的。荷兰人将台湾的土地、猎场、渔场据为己有,向使用它们的中国人征收稻作税、狩猎税、渔业税、人头税等重税,更随意剥削凌辱从大陆移民来台的闽粤人。荷兰人一味地压榨、索取,但却对回报民众很吝啬。比如,他们一年中在台湾建设中投入的费用,只占其收入总数的十分之一。这充分暴露了荷兰人殖民者的本质。

59. 清代的盐商与其他商人有何区别?

清代的盐商是一个较为显赫的商人集团,他们是经过清朝政府特许,具有垄断食盐运销经营特权的世袭专卖商人。在清代,盐商依靠手中的这一特权,获得了巨额的利润,其经济、社会地位都令人羡慕。

按照职能的不同,清代的盐商分为窝商、运商、场商、总商等类别,总商的势力最大。清代盐商主要依靠垄断专卖、压低买价、抬高卖价等手段致富。

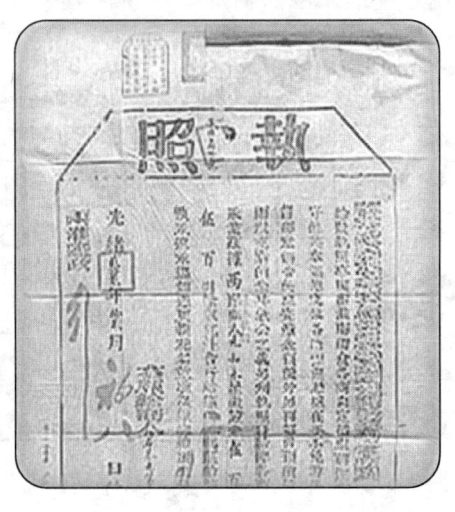

清代盐商的执照

盐商也担负有一定的社会责任。清政府的一些军需、赈务、工程、庆典的顺利举行,都需要盐商的大量捐助,甚至这方面的付出大于他们上交的盐税。比如,两淮盐商曾捐款550万两白银给清政府,帮助政府镇压白莲教起义。而作为回报,清政府则给盐商授以官职,或者准许他们提高食盐售价、豁免拖欠盐税等。这样,清代的盐商与清政府在政治、经济等方面的紧密联系,相互勾结,就成为清代最富有的商人集团之一。

60. 广州十三行是一个什么机构?

广州十三行是鸦片战争前清政府官方设立的专业商行,主要负责经营对外贸易等事务。

海洋经济

1785年的广州十三行

清朝康熙年间开了海禁后，朝廷在广东设立粤海关，专门负责国内各沿海贸易和对外贸易。当时的两广总督、广东巡抚与粤海关监督们商定，由粤海关征收进口洋货以及出口货物税，此类税种统称行税。为了管理上的方便，就专门在广州建立了洋货行，即十三行，以代替海关征收进出口船只的饷税，并代替官府管理外商和执行外事任务。

十三行是专门经营外贸的商行。自建立以来，尽管它的业务、结构多次发生变化，但名称、基本职能却一直没有变化。广州十三行是清朝政府严格管理外贸政策措施的重要组成部分，它由官府招商、扶植，作为官府对外贸易的代理人，具有官商的性质。在鸦片战争以后，英国强迫清政府废除清朝对外贸易活动中的商行制度，允许英国商人在各口岸自由地与中国商人贸易。这时的十三行尽管仍旧营业，但是已走向衰落了。

61. 鸦片贸易是怎么回事？

鸦片，又称"大烟"、"烟土"等，是一种用罂粟果的汁烘干制成的毒品。鸦片贸易是指18世纪以后西方列强以非法输入的方式进行的走私贸易。

清代广东沿海常见的鸦片走私船

在1773年，英国的东印度公司开始经营鸦片，开始了从印度大规模有组织地向中国走私鸦片的贸易。清乾隆三十二年(1767年)，当年向我国境内输入的鸦片就有1000箱，每箱约合中国的一担。而道光十五年到十九年(1836—1839年)的四年间，又增加到了35445箱。然而，由于当时清朝政府的软弱无力，导致了以抗争鸦片走私贸易的鸦片战争的失败，西方列强强迫清政府承认鸦片贸易的合法化。由于这种走私贸易成为合法贸易，使鸦片在中国合法行销了近60年。

由于鸦片的大量输入，迅速扭转了中西方在海洋贸易格局中的角色。在此之前,清朝在海洋贸易中是出口大于进口。而鸦片贸易的进行,使清朝的进口严重大于出口,中国的白银严重外流至西方,国家财政和社会经济遭受到巨大损失。鸦片贸易还直接导致吸食鸦片的中国民众的身体和精神遭到了极大的摧残和破坏。

62. 鸦片战争是为何而战?

　　鸦片战争是一场由英国殖民者发动的侵略中国的战争。它从道光二十年(1840年)开始,至道光二十二年(1842年)结束。从后人给这场战争起的名字不难看出,这场战争与鸦片的关系十分密切。那么,鸦片战争真的就只是因为鸦片贸易而爆发的吗?鸦片战争究竟是为何而战?

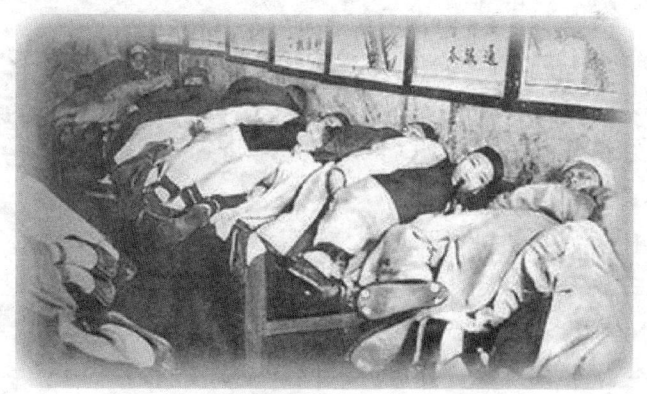

清朝民众聚众吸食鸦片场景

　　首先,战争爆发的直接原因是中国人民正义的销烟运动。1839年,发生了林则徐戒烟运动。英国政府随即以此为借口,发动侵华战争。

其次，战争爆发的深层次原因，是英国的殖民者为他们廉价的工业商品寻找倾销市场的结果。

最后，战争也是由于当时的中国朝廷夜郎自大、闭关锁国以及西方世界完成工业革命，向全世界寻找市场的情况下爆发的。鸦片战争对中国社会、历史的发展产生了巨大的影响，也是中国由独立自主的主权国家逐渐变为半殖民地国家的转折点。

63. 你知道近代的"海关税务司"对我国的影响吗？

海关税务司是主持我国近代海关行政的首脑名称，它是清末我国丧失海关行政权的产物。

于1853年，英、美、法三国在上海宣布由各国领事代替中国海关征海关税饷。而当时的清政府为了恢复上海海关税款收入，经与列强艰苦交涉，屈尊同意了成立

海关总税务司赫德与各关税务司

由三国领事代表组成的税务司署，税务司人选由三国领事挑选、推荐，由上海道台任命。1854年，中国历史上第一个由外籍税务监督管理、外国领事控制的外国税务司在上海诞生。随后，这种海关税务司制度又扩展到了中国其他十三个通商口岸，其权利也逐渐增大。

1861年，又设立一名总税务司。总税务司在海关范围内享有绝对的统治权。各级税务司均要听命于外国公

使、领事,而清朝政府却无权管束。第二任海关总税务司赫德在任期间,还将该职位的活动从海关的业务范围扩大到了中国的军事、政治、经济、外交、文化、教育等领域。这种由外国人掌权的海关税务司掌控了我国海关近一个世纪,到新中国成立后的1950年才被撤销。

64. 清末我国的沿海贸易权是如何被列强剥夺的?

　　沿海贸易权是作为独立自主的国家享有的主权之一。鸦片战争以后的《望厦条约》、《黄埔条约》里明确规定,美、法两国装载外国商品的船只可以进入条约规定的5个通商口岸销售,但并没有允许外国的商人和船只有经营中国商品在沿海贸易的权利。但是,西方列强们并不遵守条约的规定,经常进入未经允许的中国港口进行贸

粤海关官员在外国商船上勘验

易,还自行运载中国的商品,从而造成了外国船只经营中国商品并进行沿海贸易的既成事实。

　　更不可思议的是,于1861年,当时的海关税务司赫德还发布通令,凡外籍船舶从事中国的商品沿海贸易,在

出口口岸交纳出口税,在进口口岸交纳半税。随后,这一规定又不断扩充,致使外国人在中国的沿海贸易权进一步扩大,造成了对中国商品进出口征收重税,对西方商品则征收轻税的局面。我国沿海贸易权被西方列强全部剥夺,我国的民族工业发展严重受阻,沿海贸易走向衰落。

65. 你了解英国占领香港的经过吗?

香港自古以来就是中国的领土。早在唐玄宗开元二十四年(736年)时,在香港境内设有屯门军镇,并派驻2000军兵驻守来保护海上贸易。到清朝中期,香港因为靠近广州,它的贸易地位得到显著提升,已经成为各国商船的停留点。

鸦片战争后的香港

历史发展到近代,随着西方列强在一系列侵略战争中取胜,香港也逐渐沦为英国的殖民地。特别是在1840年,英国发动了侵略我国的鸦片战争,清军战败。中英两国于1842年签订了不平等的《南京条约》,中国割让了香港岛及邻近的鸭脷洲给英国。1856年,英法联军又再次发动第二次鸦片战争,清廷再败,被逼又签下了《北京条约》,把九龙半岛南部连同邻近的昂船洲一同割让给了英国。当时,贪得无厌的英国政府于1898年,又逼迫清政府签订了《展拓香港界址专条》及其他一系列租借条约,强租界限街以北、深圳河以南的九龙半岛北部大片土地以及附近230多个大小岛屿(后统称"新界"),但九龙寨城除外,租期长达99年。英国经过半个世纪的吞噬,香港逐步沦为了英国的殖民地。

66. 1861—1894年西方列强对华的经济侵略有哪些?

在清朝末年,两次鸦片战争的失败,清朝政府被迫与西方列强签订了一系列的不平等条约。在1861—1894年间,西方列强利用这些条约规定的对华贸易的强大优势,在中国的工商业、航运业等行业中展开了大规模的经济扩张。

西方列强对我国的经济侵略主要表现为:

(1)中外贸易规模迅速增加,清朝进口大于出口,西方始终处于贸易顺差的优势地位。

(2)进出口商品结构不合理。在清朝进口的商品中,鸦片和棉制品占大头;清朝出口西方的商品则基本以茶叶、生丝为主。

(3)外资进入中国。西

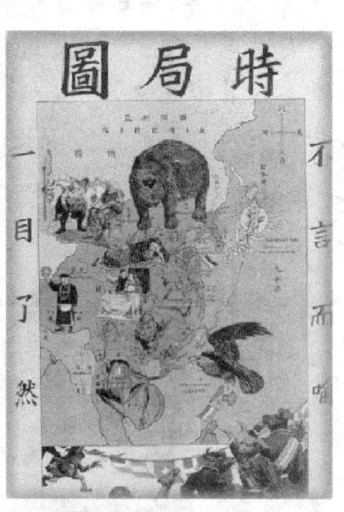

西方列强瓜分清国图

方列强在中国建立外资贸易商行,开办外资交通、工矿企业和外资金融、保险企业,全面扩大对华的经济侵略。

另外,与以上经济手段相配套,西方列强还在侵犯中国主权干涉中国内政等方面犯下种种罪行:

(1)干涉清朝的司法权。外国人在中国境内犯罪不是由清朝法律裁决,而是要交给所属国家的领事,按照他们国家的法律处理。

(2)列强对清朝海关主权的侵夺。中国的海关变成了外国人控制下、为西方列强服务的特权机构。

(3)全面侵夺了中国沿海和内河的航运权,使外国船只在中国航行、贸易合法化、普遍化。

67. 日本对台湾的经济掠夺有哪些?

1895年,由于中日甲午战争的失败,清朝政府不得不与日本签订了屈辱的《马关条约》。根据这个条约,台湾全岛及其附属岛屿、澎湖列岛都划给了日本。从那时起台湾沦为日本的殖民地长达50年之久。

日本殖民台湾期间的总督府

海洋经济

在殖民统治期间,日本殖民当局推行一系列的殖民政策,对台湾的经济进行全面控制和掠夺,主要表现在以下几方面:

(1)彻底清查土地资源和所有权,没有所有权证明的大量田地和林野均被殖民当局霸占。

(2)设立银行,改革币值,将台湾金融体制纳入日本本土的管理体系中。

(3)建立殖民当局的官营事业,扶植日本的财团投资台湾主要产业部门。

(4)对鸦片、食盐、樟脑、酒类、烟草等商品实行专卖制度,大肆搜刮台湾民众的血汗,用来充实殖民当局的财政收入。其中,鸦片专卖就反映了日本殖民者虚伪、贪婪的本质。殖民当局规定,严禁在台湾的日本军人、日本居民吸食鸦片,鸦片只能卖给中国人。

(5)调整台湾的外贸关税政策,迫使台湾的海洋贸易改变对大陆输出为主的局面,企图阻止台湾与大陆的贸易往来,迫使转向对日本输出为主,从而将台湾变成日本专用资源的供应基地。

68. 你了解清代沿海通商口岸的历史吗?

过去把通商口岸又称作商埠,它是一个国家与外国贸易通商的地方。通商口岸都设有税关,负责征收进出口船只的关税。

清代沿海通商口岸的发展大体上经历鸦片战争前后两个阶段。鸦片战争前的康熙年间,清朝政府设有江海、浙海、闽海、粤海四个通商口岸,进行对外贸易。而到了乾隆年间，全国沿海就只有广州一个对外通商口岸了。

五口通商后的广州

鸦片战争后，清朝政府被迫开辟了广州、厦门、福州、宁波、上海等五个通商口岸，并接受废除行商制度、制定"协定关税"等一系列不平等的条件。这五个通商口岸也就成为西方列强商品倾销中国市场的输入口岸和中国农产品和原料贩运到西方的聚集地。

在第二次鸦片战争后，西方列强又强迫清朝政府再开放潮州、天津、牛庄、芝罘、淡水、台湾和琼州7个沿海口岸作为通商口岸。鸦片战争前，清朝政府在国内沿海通商口岸推行的是平等的中西海洋贸易。两次鸦片战争后，国内各通商口岸的中西海洋贸易均建立在不平等基础之上。

69. 什么是"自开商埠"？

清朝末年，在西方列强强迫中国开辟通商口岸的同时，国内也出现了一股"自开商埠"的潮流。所谓的自开商埠，就是由清政府自动开放，开展对外贸易的地区。

在1898年，清政府总理各国事务的衙门，接受了当时担任海关总税务司的英国人赫德的建议，并奏请光绪

海洋经济

皇帝增设了吴淞、湖南岳州、福建三都澳、直隶北戴河至海滨秦皇岛四处通商口岸。这个先例一开，国内各省也以"振兴商务"为由，先后开辟厦门鼓浪屿、广西南宁、云南昆明等商埠。而这些自开商埠与以前西方列强强迫开的通商口岸是有区别的。

厦门鼓浪屿

它们的区别有两个方面：①旧有通商口岸开辟的决策权属于西方列强，而自开商埠的开辟决策权掌握在清政府手中；②旧有通商口岸的行政管理权属于西方列强，而自开商埠的行政管理权属于清政府。

70. 你了解中外通商行船条约吗？

通商行船条约不是指某一个单一的条约，而是指在20世纪初清政府与西方列强签订的一系列条约。它包括了《中英续议通商行船条约》、《中美通商行船续订条约》和《中日通商行船条约》。这些条约主要围绕中外通商过程中厘金、出口税等税种的更改而签订的。

中外通商行船条约谈判代表合影

英国当时要求清政府对其取消征纳厘金这种商业税,作为补偿清政府的损失,英国统一增加进出口税。两国最终达成一致,签订《中英续议通商行船条约》。《中美通商行船续订条约》也在一定程度上满足了中美两国的要求。清政府在美国的要求下,同意裁掉内地常关,美国同意清政府征收"出产税"。《中日通商行船条约》在加税免厘方面依照清政府与英美两国商定的办法处理。但在其他方面提出了自己的要求。例如,中国允许凡是能航行于内港的日本各种轮船,无论大小,均可在中国内港从事贸易活动。

通商行船条约表面上双方对等协商,实际上清政府又失去了一些商务权益。

71. 民国时的"盐税"是指什么?

盐税历来是政府的主要财政收入之一,民国时期也是如此。民国时期的盐税又称"盐课",是对食盐产销各环节征收的一个税种。

山东盐务稽核分所的鱼盐准单

1913年,北洋政府与西方列强在签订善后借款时,用国家的盐税做抵押换取西方的借款。从此,西方列强对中国的盐业、盐务开始干涉。同年,北洋政府颁布了《盐税条例》,条例规定每百斤食盐征税2.5元,只此一个税种。这样的规定对以前名目繁多的盐税进行了整顿,盐税也因此得到稳步增长。1931年,南京国民政府颁布了《新盐法》,规定每百斤食盐征税5元,渔盐征税0.3元,工业农业用盐免税。《新盐法》颁布的目的是为了减少民众的负担,但是,由于受各方面的阻挠,以及后来战乱的影响,《新盐法》一直未能很好地实行。抗日战争期间,国民政府还曾一度停征盐税,实行专卖制度,但并没能成功。

海洋经济

当代海洋经济概览

72. 什么是海洋经济?

对我们很多人来说,海洋经济还是一个比较陌生的名称,其实,海洋经济就在我们身边。我们平时做饭用的海盐、到市场买的海鱼、海边旅游坐的游船等等,这些都是海洋经济活动的结果。海洋经济学家把这些活动概括起来,给出一个科学的定义,即:海洋经济是指开发、利用和保护海洋的各类产业活动,以及与之相关联活动的总和。

海洋经济是一个拥有悠久历史的大家族,且家庭结构复杂。为方便我们理解,海洋

滨海港口

经济学家从不同的角度,将它分成了不同的类型。按海洋经济发展的历史时期,可以分为远古代海洋经济、古代海洋经济、近代海洋经济、现代海洋经济;按海洋开发的技术水平和时间过程,也可以分为传统海洋经济、现代海洋经济、未来海洋经济;按海洋经济部门结构,又可以分为海洋渔业经济、海洋运输经济、海洋制盐及盐化工经济、海洋油气经济、海洋矿产经济、海洋工程经济、海洋旅游经济、海洋能源经济、海洋服务业经济;按海洋空间地理类型,还可以分为海岸带经济、海岛经济、河口三角洲经济、专属经济区经济和大洋经济等。

73. 你了解古代海洋经济情况吗？

早期人类逐水而居，海滨是必然的选择之一。但由于工具简陋，他们最初只是在沿海滩涂采拾海贝、虾蟹或下海捕鱼，向海洋索取一些可以直接利用的资源。在距今4000多年的原始社会末期，定居在沿海地区的居民开始大规模采食贝类作为食品，海水制盐、海上航行也相继出现。

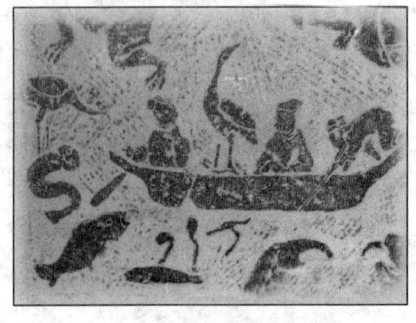

古人捕鱼图

我国古代海洋经济在世界上占有重要地位。在夏、商、周时期，就已逐步建立了以"鱼盐之利、舟楫之便"为核心的海洋经济。夏朝中期，近海航行和捕捞已比较频繁了。商朝的海洋捕捞技术有了较大的发展，并且规模进一步扩大。西周时期，山东和浙江沿海居民就开始了航海活动。从战国末期至明朝中期，我国航海业和航海技术就一直处于世界领先水平。隋唐五代时期，中国的造船技术、地图绘制技术和指南针就广泛应用在航海中。著名的"海上丝绸之路"遍及东南亚、南亚、阿拉伯湾与波斯湾沿岸，甚至伸展至红海与东非海岸，形成了直接沟通亚非两大洲的长达万余海里的远洋航线。唐代的中后期还专设了管理海外航运贸易的机构，胶州、广州等地成为名噪中外的贸易港口。到16世纪，中国航海事业达到顶峰，

72. 什么是海洋经济？

对我们很多人来说，海洋经济还是一个比较陌生的名称，其实，海洋经济就在我们身边。我们平时做饭用的海盐、到市场买的海鱼、海边旅游坐的游船等等，这些都是海洋经济活动的结果。海洋经济学家把这些活动概括起来，给出一个科学的定义，即：海洋经济是指开发、利用和保护海洋的各类产业活动，以及与之相关联活动的总和。

海洋经济是一个拥有悠久历史的大家族，且家庭结构复杂。为方便我们理解，海洋

滨海港口

经济学家从不同的角度，将它分成了不同的类型。按海洋经济发展的历史时期，可以分为远古代海洋经济、古代海洋经济、近代海洋经济、现代海洋经济；按海洋开发的技术水平和时间过程，也可以分为传统海洋经济、现代海洋经济、未来海洋经济；按海洋经济部门结构，又可以分为海洋渔业经济、海洋运输经济、海洋制盐及盐化工经济、海洋油气经济、海洋矿产经济、海洋工程经济、海洋旅游经济、海洋能源经济、海洋服务业经济；按海洋空间地理类型，还可以分为海岸带经济、海岛经济、河口三角洲经济、专属经济区经济和大洋经济等。

73. 你了解古代海洋经济情况吗?

早期人类逐水而居,海滨是必然的选择之一。但由于工具简陋,他们最初只是在沿海滩涂采拾海贝、虾蟹或下海捕鱼,向海洋索取一些可以直接利用的资源。在距今4000多年的原始社会末期,定居在沿海地区的居民开始大规模采食贝类作为食品,海水制盐、海上航行也相继出现。

古人捕鱼图

我国古代海洋经济在世界上占有重要地位。在夏、商、周时期,就已逐步建立了以"鱼盐之利、舟楫之便"为核心的海洋经济。夏朝中期,近海航行和捕捞已比较频繁了。商朝的海洋捕捞技术有了较大的发展,并且规模进一步扩大。西周时期,山东和浙江沿海居民就开始了航海活动。从战国末期至明朝中期,我国航海业和航海技术就一直处于世界领先水平。隋唐五代时期,中国的造船技术、地图绘制技术和指南针就广泛应用在航海中。著名的"海上丝绸之路"遍及东南亚、南亚、阿拉伯湾与波斯湾沿岸,甚至伸展至红海与东非海岸,形成了直接沟通亚非两大洲的长达万余海里的远洋航线。唐代的中后期还专设了管理海外航运贸易的机构,胶州、广州等地成为名噪中外的贸易港口。到16世纪,中国航海事业达到顶峰,

郑和下西洋就是这一时期的历史壮举,极大地促进了海上交通和通商贸易的发展。

古代世界其他各国的海洋经济也在不断发展。公元8世纪,欧洲的腓尼基人及希腊人,已把贸易、战争的范围扩大到地中海和地中海之外的地区。15世纪,欧洲沿海各国涌现出一批伟大的航海家,创造了世界瞩目的航海创举。1488年,葡萄牙人迪亚士首次航行到好望角。10年后,达·迦马发现了通过印度洋的航路。16世纪—18世纪期间,哥伦布、麦哲伦和库克等人进行了环球航行,极大地促进了航海技术的发展,也直接或间接地促进了海洋经济的发展。

74. 你了解近代海洋经济情况吗?

在18世纪下半叶,西方工业革命促进了近代工业技术的发展,大规模的全球海洋调查和探险活动陆续展开,这标志着近代海洋经济的开始。1872年,英国深海调查船"挑战号"开始环球海洋考察,在它之后,德国、法国、意大利等国家也相继进行了多领域的海洋综合考察、调查和探险。进入20世纪,电子技术得到了长足发展,与海洋调查和开发关系密切的深潜技术、造船技术、仪器设备技术和导航定位技术,以及航海保障技术等陆续研发并被运用到海洋调查、勘探、海上生产作业等工作上来,带动了海洋开发利用的大发展。例如,在19世纪末,人们已经开始对近海海底石油天然气进行勘探和开发了。20世纪的前半叶,由于科技水平的制约,人类对海洋的开发利用总体上还没有发生实质性的转变,仍主要从事渔盐之利和交通之便。不过,随着人类对海洋认识和开发活动的不断深入,已对海洋渔业、海上运输、海洋制盐等传统海洋经济活动产生了冲击,海洋经济正处于一个新的变革过程中。

近代海洋运输帆船

我国近代海洋经济发展过程艰难而曲折。在明朝中后期及清朝,由于国家实行严厉的海禁政策,不准寸板下海,且严禁外国商品进入,严重阻碍了我国商品经济的发展和中外文化的交流,使我国近代海洋经济的发展举步维艰。1840年英国用炮舰轰开了国门,随着一系列对外战争的失败和不平等条约的签订,清王朝的闭关政策彻底破产。辛亥革命后,中央政府设立了渔业管理机构,颁布的《公海渔业奖励条例》等渔业法规促进了渔业的发展。由于实施了较积极的政策和措施,我国的海洋渔业出现了短暂的兴旺期,1936年的海洋水产品产量约100万吨,是新中国成立前的最高纪录。我国在19世纪中后

期出现了海洋运输事业。1865年,李鸿章等人在上海创办了江南制造局,并于1868年8月造出了我国第一艘海轮"恬吉"号。据1916年统计,那时我国各轮船公司共有海轮135艘,总吨位6743吨。抗日战争时期,沿海地区全部沦陷,海洋运输事业几乎全部夭折,使我国近代的海洋经济遭遇了空前的劫难。

75. 现代社会海洋经济发展状况如何?

20世纪60年代,海洋科学已经获得突破性发展,人类对海洋的认知水平得到极大的提高,加上一系列先进的技术手段和工具在海洋开发中的广泛应用,促使人类完成了对传统海洋经济的突破,以海洋油气开发利用为标志的现代海洋经济架构得以建立。

海水养殖业

20世纪70年代后,海洋经济突飞猛进,世界海洋产业总产值每10年左右翻一番,从20世纪60年代末的1100亿美元,已达到现今的1.4万亿美元。世界各主要沿海国家充分认识到发展海洋经济的战略意义,纷纷将海洋经济作为国民经济的重要发展方向。据预计,2010年海洋产业产值将达2万亿美元,2020年将超过3万亿美元,将占世界经济总产值的10%以上。

我国自20世纪70年代末改革开放以来,越来越重视对海洋资源的开发利用,海洋经济得到快速增长。2003年我国海洋产业总产值首次突破1万亿元大关,达到10077.71亿元,相当于全国国内生产总值的3.8%。到2006年,我国海洋生产总值又突破2万亿元,占同期国内生产总值的10.01%。我国海洋传统产业中的海洋水产业、海洋运输业、海洋船舶业、海洋旅游业继续发展,新的海洋产业中的海洋油气业、海洋信息业、海洋电力业、海洋生物药业等也获得较快发展。目前,海洋经济已成为我国经济发展新的增长点,成为我国国民经济发展的重要组成部分和积极的推动力量。

76. 海洋经济学是研究什么的?

随着海洋经济的不断发展及在国民经济中地位的不断提高,经济学家们开始对海洋开发领域的各种经济现象进行研究,海洋经济研究也逐步成为经济学研究领域的一个重要内容。由于积累的海洋经济知识越来越丰富,已有一批经济学家逐步成为海洋经济领域的专家,他们的研究成果也催生了一门新的学科——海洋经济学。海洋经济学家认为,海洋经济学是研究海洋资源开发利用及其经济活动规律的一门科学。由于它兼顾海洋研究和经济研究两个领域,因而实质上是介于海洋科学与经济科学之间的一门新兴学科。

海洋经济学发展到今天,已成为一个相对独立的学术研究体系,研究内容很广泛,包括海洋经济学的形成与发展、海洋生产力、海洋生产关系与海洋经济活动、海洋产业的基本情况、提高海洋经济效果的途径和方法、海洋经济活动预测、海洋资源的科学开发和利用等。

77. 海洋经济学是怎样形成的?

在20世纪60年代之前的很长一段时间内,由于科学技术的限制及海洋开发实践的缺乏,国际上对海洋经济的理论研究较少,仅局限在如渔业经济、海运经济等行业内。进入20世纪60年代以后,人类海洋开发活动逐年增多,海洋经济发展加速,随之也带来了许多问题,如海洋资源权属、经济利益分配、海洋环境保护等,这些问题都迫切需要理论指导,并从经济学中寻找答案。为合理开发和可持续利用海洋,各主要海洋国家都对海洋经济研究日益重视,不少国家成立了专门的研究机构。一批学者围绕海洋部门在国民经济中的地位、海洋管理、海洋经济对区域经济的影响进行了广泛研究,还出版了大量著作,海洋经济理论研究进入了快速发展时

中国海洋经济学

期。20世纪70年代初美国学者正式提出了"海洋经济学"这一名称,标志着海洋经济学作为一门独立的应用经济学科诞生。

20世纪80年代以来,我国一些学者开始关注海洋经济理论问题,取得了一些重要的研究成果,先后出版了《中国海洋经济研究大纲》、《海洋经济概论》、《中国海洋区域经济研究》、《海岸带管理指南——基本概念、分析方法和规划模式》、《海洋经济学》及《中国海洋经济学》等重要著作。

78. 海洋经济有什么特点?

作为地球的两个基本组成部分,海洋与陆地有着不同的自然条件。海洋主要由庞大的水体组成,陆地则由岩石、土壤等固体物质覆盖。这种根本差异,决定了海洋经济有着与陆地经济所不同的特点。

(1)海洋资源的公共性。海洋的公海区域归人类共同所有,由联合国统一管理,是全人类共享的财富。归属于各濒海国家和地区的领海或专属经济区,也不像陆地上的土地那样可以归私人所有,生活在沿岸的居民,均可以享有渔盐舟楫之利。

(2)海洋开发的综合性。海洋资源广泛分布于海洋表面、海洋水体、海底和滨海。海洋开发需要多学科、多行业的广泛合作。目前,我国的海洋开发就涉及许多部门和行业,从地质、地理、水文、气象到测绘,从水产、盐业、航运、矿产、石油到旅游,从政治、经济、法律到军事等,有20多个行业和部门。

(3)海洋开发的高风险、高投入、高科技性。海洋资源分布于海底或海水中,人类开发海洋资源活动在相当大程度上受海洋自然条件的限制,这决定了海洋资源的开发难度大,需要大量资金和高新科学技术。如海底油气开采,要在水下几十、几百乃至上千米的海底勘探开采,而水深在50米处进行油气钻探的费用约为陆地同类钻探深度的4倍之多。

(4)海洋经济的国际性。现代海洋开发工程量大,如大规模的海洋调查和勘测、深海油气开发、深海锰结核的勘探与试采、南极磷虾的调查与捕捞、水产增殖放流、海上污染的控制、海底隧道工程等,这些海洋开发工程不仅同时涉及几个国家的利益,而且需要资金数量巨大,技术难度大,这就客观上需要国际间的合作,有时甚至需要采取联合行动。

79. 海洋生物资源有何经济价值?

海洋是生命的摇篮。从第一个有生命力的细胞诞生至今,仍有20多万种生物生活在海洋中,其中海洋植物约10万种,海洋动物约16万种。从低等植物到高等植物,植食动物到肉食动物,加上海洋微生物,构成了一个特殊的海洋生态系统,蕴藏着巨大的生物资源。据估计,全球海洋浮游生物的年生产量为5000亿吨,在不破坏生态平衡的情况下,每年可向人类提供够300亿人食用的水产品,这是一座极其诱人的人类未来食品库!

海洋植物主要包括在水中随波逐流的浮游藻类和海底生长的大型藻类,如人们熟悉的紫菜、海带等。海藻在工业、农业、食品及药用方面有很重要的价值，除食用外，可从中提取褐藻胶、琼脂、甘露醇、碘等物质，还可以作为一种新的生物能源。

南极磷虾

海洋生物中最重要、最活泼的当属动物资源，其中有鱼类1.5万～4万种，对虾等壳类动物2万多种，贝壳等软体动物8万多种，还有鲸、海参、海豹、海象、海鸟等，构成了生机盎然的海洋世界，也构成了具有良好经济效益的海洋水产业，其中鱼类是水产品的主体，也是最重要的。科学研究已经证实，吃鱼可使人大脑聪明，有些鱼还具有医疗价值或可作为精细化工业的贵重原料。从虾、蟹的甲壳中提取的甲壳质，有广泛的工业用途。生长在南极的一种磷虾被誉为"21世纪的流行食品"，因为它有着极为惊人的资源量和很高的营养价值。比较有经济价值的贝类有鲍鱼、贻贝、扇贝、蛏子、牡蛎、乌贼、章鱼、鱿鱼等，它们都是味道鲜美、营养丰富、深受人们喜爱的食品。而且，有的贝壳还可以从中提取药物，有的有观赏价值，是贝雕的优良材料。

在海洋中，还有一个不可忽视的部分就是海洋微生物，主要包括细菌、放线菌、霉菌、酵母菌、病毒等，它们的数量极大，各地分布不均。科学家的研究表明，海洋微生物中可以提取一些特殊的生物活性物质，对治疗疾病还有奇效。

80. 为什么说海水是液体化工资源？

海水为什么会那么咸呢？这是因为海水中溶解有大量的以盐类为主的矿物质。人类在陆地上发现的106种元素，现有80多种在海水中也能找到，它们以离子、分子或化合物的形式溶解在海水中。海水中的化学元素，主要有氯化物、硫酸盐、碳酸氢盐、溴化物、硼酸盐、氟化物、钠、镁、钙、

镁的主要用途

钾、锶、铀等，它们也就是我们平时说的海水化学资源。人类对海水化学资源的利用已有悠久的历史。其中利用最早、数量最大的当然是海水制盐（氯化钠）了，海洋中氯化钠的总储量可达4亿亿吨。海盐是制造烧碱、纯碱、盐酸、肥皂、染料、塑料等不可缺少的原料。镁是机械制造工业的重要金属材料，在飞机、船舶、汽车、武器、核设施的制造上都离不开镁，它在海水中的总含量约为1800万亿吨。溴广泛应用在工农业、国防和医学等方面，在工业上可制造燃料抗爆剂，在农业上是杀虫剂的重要原料。目前，全世界80%的溴是从海水中提取的。锂在冶金工业中可用作脱氧剂和脱气剂，也可用作铍、镁、铝等轻质合金的成分，还是有机合成中的重要试剂。铀是高能燃料，在经济建设中可用于核电站，军事上可制造原子弹，用作核潜艇、核动力航空母舰的燃料。现在，铀的用量越

来越大,有人估计,陆地上的铀储量只有100万吨左右了,而在1吨海水中的含量虽然只有33微克,但海洋中的总储量多达40多亿吨,是陆地储量的2000倍～3000倍。

81. 为什么说海洋滩涂也是宝贵资源?

海洋滩涂是指高潮线以下、低潮线以上的特殊地带。我国海洋滩涂总面积有217万公顷,是开发海洋、发展海洋产业的一笔宝贵财富。滩涂不仅是一种重要的土地资源和空间资源,而且本身也蕴藏着各种矿产、生物及其他海洋资源。滩涂资源的主要用途有:

(1)可以开辟盐田,是发展盐化工原料基地的好场所。我国目前有盐场50多个,盐田总面积33.7万公顷,年产量达2000万吨,是世界第一产盐大国,其中80%为海盐。

海洋滩涂湿地保护利用

(2) 围海造地，增加耕地面积。我国沿海地区人口稠密，耕地稀少的矛盾尤为突出。建国以来，在辽河口、渤海湾、苏北、杭州湾、珠江口等地进行了大量围垦，总面积达 1000 万亩以上。这些地方现已成为重要的粮棉生产基地或热带水果生产地。

(3) 发展滩涂水产养殖业。目前我国滩涂水产养殖面积已达 16.4 万公顷。主要养殖对象有扇贝、牡蛎、蚶、蛤等贝类及海带等。

(4) 填筑滩涂，解决城市空间用地问题。这是我国解决沿海城市和经济开发区非农业用地问题的重要途径。如上海金山化工总厂，占地十多平方千米，有三分之二建在滩涂上，节省了大量征地资金。还有浙江秦山核电站、上海浦东新机场、杭州与舟山新机场，以及数以万计的企业，也都是在围涂的"新大陆"上兴建起来。

此外，海涂还是发展海洋旅游业的重要场所，无论是沙质海滩，还是泥质滩涂，都可以发展具有特色的滨海旅游。

82. 海洋渔业经济包括哪些内容？

海洋渔业是海洋经济中离我们日常生活最近的一个产业部门，特别是与沿海居民的生活质量密切相关。海洋渔业也称海洋水产业，是以海洋动、植物资源为对象，开发和利用海洋中栖息的鱼类、虾类、贝类、藻类、海兽类和一切具有经济价值的水产资源的生产部门。海洋渔业经济包括海洋捕捞、海水增养殖、海洋水产品加工、海洋休闲渔业等经济活动。

风靡世界的时尚户外运动——海钓

海洋捕捞业是利用各种渔具、渔船及设备捕获海洋鱼类和其他水生经济动物的生产行业,属于传统海洋产业。海洋增养殖业是在海洋水域内,由人工控制繁殖和饲养具有经济价值的海洋动植物的产业。海洋水产品加工是指以海洋水产品为原料,制成食品和非食用产品的过程。而海洋休闲渔业的发展则是为了满足人们提高生活质量、丰富生活内涵的需要,集渔业、休闲、观赏、娱乐为一体,既是海洋渔业的延伸和发展,又是海洋渔业和旅游业的有机结合。在沿海地区,休闲渔业作为一种新的渔业发展模式正方兴未艾,成为海洋渔业的新经济增长点。

83. 怎样理解海洋运输经济?

海洋运输也可简单称作"海运",是使用船舶(或其他水运工具)通过海上航道在不同国家和地区的港口之间

海洋经济

运送货物和旅客的一种运输方式。海洋运输具有运量大、运送能力强、不受道路和航道限制以及运费低廉的特点,是国际物流中最主要的运输方式,在国际货物运输中运用最广泛。历史进入到19世纪末,人类已经开辟了世界海洋中所有的重要航道,20世纪又开辟了通往南极的航道。目前世界大洋的航线密如蛛网,主要的国际航线有十多条。通过海运航线联结起来的世界各地港口,其所形成的运输网络,对区域经济的全球化发挥着极其重要的作用。

荷兰鹿特丹港

海洋运输业的发展能够带动和促进造船、钢铁、机械、电子和信息等产业的综合发展,从而带动整个经济的发展。海洋运输业的发展水平,反映了一个国家的对外联系和开发程度,在一定程度上也反映了一个国家的经济发展水平。

84. 什么是海洋油气经济?

在海洋中勘探、开采、输送、加工原油和天然气的生产活动就是海洋油气经济活动。海洋油气储量十分丰富,据《油气杂志》统计,到 2006 年 1 月 1 日,全球海洋石油资源量约 1350 亿吨,探明约有 380 亿吨;全球海洋天然气资源约 140 万亿立方米,探明储量约 40 万亿立方米。海洋油气将是我们人类经济社会发展最重要的能源来源,海洋油气经济的发展前景非常可观。

半潜式钻井船

海洋油气业是现代海洋开发中典型的高科技产业。从海上油田的勘察、钻井、开采和油气集输到提炼的全过程,几乎完全依靠高科技的支撑。20 世纪 60 年代以后,海洋油气资源勘探、开采和储运技术已经逐渐成熟,对它的开发利用已经成为收益最高和发展最快的海洋产业。

85. 为什么说海洋旅游经济前景广阔?

众所周知,旅游业是一个经济产业。而海洋旅游经济则是一个新概念,它是在旅游经济的基础上延伸出来的一个新的经济领域。海洋旅游经济就是以海洋自然资源为旅游资源而展开的一种经济活动。

亚龙湾的海底世界

当前,旅游产业已成为世界经济的骨干产业,而海岸风光、海岛景观、海底世界等海洋自然资源和产业收入在旅游经济供给中占了重要比重。发达国家的海洋旅游业产值一般都占到整个旅游业产值的三分之二左右。近年来,我国滨海旅游业持续保持增长,2007年,我国的滨海旅游增加值达到3242亿元,占了旅游业的半壁江山。世界旅游组织明确指出,21世纪是海洋世纪,海洋旅游产业将进一步发展。可见,海洋将成为人类未来的"旅游大舞台",海洋旅游经济将可能成为全人类最有希望的经济领域之一。

86. 什么是海洋生态经济?

也许有人会问,海洋生态环境会有经济价值吗?答案自然是肯定的。我们知道,海洋生态环境是海洋生物生存和发展的基本条件,生物依赖于环境,环境反过来又影响生物的生存和繁衍。生态环境的哪怕一点点变化都可能导致生态系统和生物资源的变化。例如对沿海湿地的围垦必然会改变海岸形态,降低海岸线的曲折度,危及红树林等生物资源,造成对海洋生态环境的破坏。

红树林被砍,生态环境遭破坏

海洋生态经济是建设与保护海洋生态系统的产业活动。在现代海洋经济发展中,为了使海洋生态系统正常发挥作用,人类必须付出必要的劳动用于生态环境的建设与保护,保证人类生存和经济发展具有必要的资源和环境条件,这就是海洋生态环境在海洋经济中的具体价值的体现。因此说,海洋生态环境具有非常重要的经济价值。人们只有加强对海洋生态环境的管理与保护,才能真正实现海洋资源的可持续利用和海洋经济的可持续发展。

87. 如何理解海洋产业布局？

什么是海洋产业布局？海洋产业布局就是根据海洋空间和地域的不同，将海洋产业活动进行合理设计和布局，以确定不同种类的海洋产业在某一海洋地域空间中具有科学的形态组合与分布。

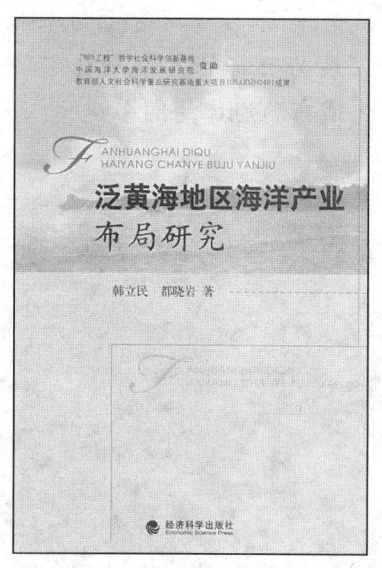

泛黄海地区海洋产业布局研究

海洋产业要依托的海洋空间包括有：潮上带、潮间带、潮下带、浅海和大洋，甚至于海底。如同围棋的棋盘一样，若把海洋各种产业比喻为棋子，海洋空间就是海洋各种产业这些棋子活动的棋盘空间。下围棋要根据棋盘情况统筹考虑，科学布局棋子，才可能"得势"。针对某一海洋空间，也不能将一个海洋产业随便安放，而要根据这

—海洋空间的自然和社会历史、经济、科学技术等方面因素,合理地安排产业活动。

88. 海洋区域经济指的是什么?

海洋区域经济是在一定的海洋空间范围内,包括自然区、功能区和经济区内形成的经济体系。海洋区域经济是以海洋区域为单元,以海域资源为基础,以实现海洋经济的可持续发展为目标的复杂社会经济系统,是海洋经济发展及其海域布局规律的综合反映。

南极

按照海洋地理位置的不同,我国的海洋区域经济大致可以分为海岸带经济、海岛经济、专属经济区经济、大陆架经济、大洋经济(包括公海和国际海底区域经济、极地经济)。

89. 什么是海岸带经济?

所谓海岸带指的是陆地与海洋的交界地带,是海岸线向陆、海两侧扩展一定宽度的带状区域。因此,海岸带包括海域和陆域两种区域,海岸带经济也就包括了海域与陆域经济的复合体。从海洋经济学研究角度来说,海岸带经济是以海域经济为主、与陆域经济紧密联系的海洋区域经济。

海湾城市

由于海岸带拥有十分丰富的自然资源,比如:海涂资源、港口资源、盐业资源、渔业资源、石油资源、天然气资源、旅游资源和砂矿资源等。另外,它还蕴藏有潮汐能、盐差能、波浪能等可再生的海洋能资源。因此,海岸带是人类开发利用最早、活动最频繁和区域经济最发达的海洋经济区域,海岸带经济在沿海国家海洋经济中占有极为重要的地位。

90. 海岸带经济有哪些类型?

海岸带既包括海岸线以下的滩涂和一定范围的浅海区域,也包括海岸线以上一定范围的陆地区域。由于这些海岸带空间在地貌、土壤、水文、生物等条件的不同,在近海、滩涂、滨陆和河口、海湾、半岛等海岸带区域就形成了各具特色的海岸带经济。

珠江口

(1)近海区经济。近海是海岸带的向海部分,也就是潮间带以下的浅海水域。由于近海有丰富的生物资源、油气资源、海水化学资源和海洋能源等,非常适合发展海洋捕捞业、海水增养殖业、海洋油气业、海洋运输业、海水综合利用业和海洋能源产业。

(2)滩涂区经济。滩涂是河流携带的泥沙经过潮汐的不断涨落而沉积在河口和海岸地带而形成的,主要资源有土地资源、海水资源、盐业资源、水产资源、陆生植物和海藻资源、风景旅游资源以及潮汐能源等,适合发展海水养殖业、海盐业、滨海采矿业和海洋旅游业。

(3)滨陆区经济。滨陆区是海岸带向陆地延伸的部分,是陆域经济和海洋经济的结合带,更适合发展沿海农业、临海工业和服务业。

(4)河口、海湾和半岛区经济。漫长的海岸线分布着无数的河口、海湾及其半岛,对这里的开发即形成了河口、海湾和半岛区经济,它是海岸带区域经济的特殊类型。当今世界,经济最为发达的地区,一般都是处于河口、海湾和半岛区域,如我国的长江口、珠江口、山东半岛、辽宁半岛等。

91. 环渤海经济区能成为我国的第三个经济引擎吗?

环渤海经济区是环绕着渤海全部及黄海的部分沿岸地区所组成的广大经济区域。这一区域中以辽东半岛、山东半岛、京津冀为主的经济带是我国北方经济最活跃的经济地区,已成为继珠江三角洲、长江三角洲之后的我国第三个大规模区域经济中心。

环渤海地区拥有丰富的海洋资源、矿产资源、油气资源、煤炭资源和旅游资源,是我国重要的农业基地,耕地面积达2656.5万公顷,占全国耕地总面积的四分之一之多,粮食产量占全国的23%以上。

环渤海地区是我国交通网络最密集的区域之一,是我国海运、铁路、公路、航空、通讯网络的枢纽地带。这里拥有40多个港口,构成了我国最为密集的港口群。这里交通、通讯联片成网,形成了以港口为中心、陆海空为一体的立体交通网络,成为沟通东北、西北、华北经济和进入国际市场的重要集散地。

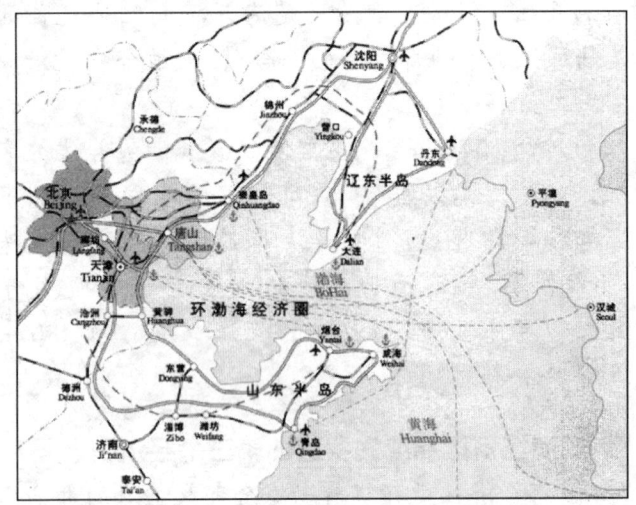

环渤海经济圈

环渤海地区同时也是我国最大的工业密集区,是我国的重工业和化学工业基地,有资源和市场的比较优势。环渤海地区科技力量非常强大,仅京津两大直辖市的科研院所、高等院校的科技人员就占全国的四分之一。

这里优越的自然条件,发达的基础设施,丰富的人才资源,决定了它必将成为我国的第三个经济引擎。

92. 长江三角洲经济区发展的前景如何?

长江三角洲经济区包括上海市及江苏省、浙江省的部分地区,面积约为9.96万平方千米。自近代以来,它就是我国经济、科技最为发达的地区。

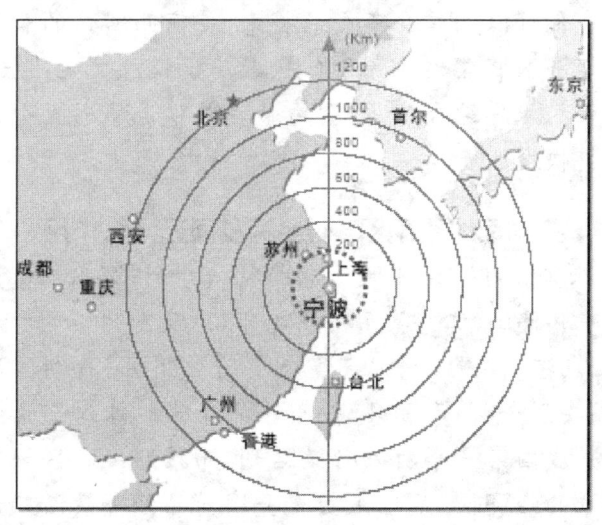

聚焦长三角

目前,长江三角洲地区已经确定了新的发展目标,即建成中国的经济中心、国际航运中心、国际金融中心、全球制造业基地和世界级城市群。围绕打造全球制造业基地,将利用区域强大的科技与人才优势、产业基础,做大做强石化、钢铁、电子信息等具有国际竞争力的战略产业,巩固提升装备制造、纺织轻工和旅游等传统优势支柱产业,同时加快发展现代生产性服务业和生物医药、新型材料等具有先导作用的新型产业;围绕打造世界级城市群,还将加快建设沪宁、沪杭、杭甬、沿长江、沿海和宁湖(湖州)杭6大重点交通通道,以及综合运输枢纽;围绕提高区域可持续发展的能力,还将加大煤炭、油气、液化天然气、电力和新能源等能源供应基础条件建设。

这就是最新绘出的长江三角洲经济区发展的宏伟蓝图。我们可以相信在不久的将来,美丽而富饶的长江三角洲经济区将集聚金融、贸易、教育、科技、文化、制造业等方面的雄厚综合实力,全力带动长江流域乃至全国的经济更快发展。

93. 珠江三角洲经济区将对全国发展起什么作用?

珠江三角洲经济区的范围包括广州、深圳、珠海、东莞、中山、佛山、江门共7个省辖市,以及惠州市区和所属惠阳、惠东、博罗三个县,肇庆市的端州区、鼎湖区和四会、高要两个县,面积4.16万平方千米。珠江三角洲经济区是我国第一个打破行政区划,而按照经济区划的原则建立的经济区,是广东乃至全国商品经济最活跃和最具有发展潜力的地区之一。改革开放以来,珠江三角洲地区因为开放程度大、经济发展快、收入水平高而成为全国改革开放的样板。

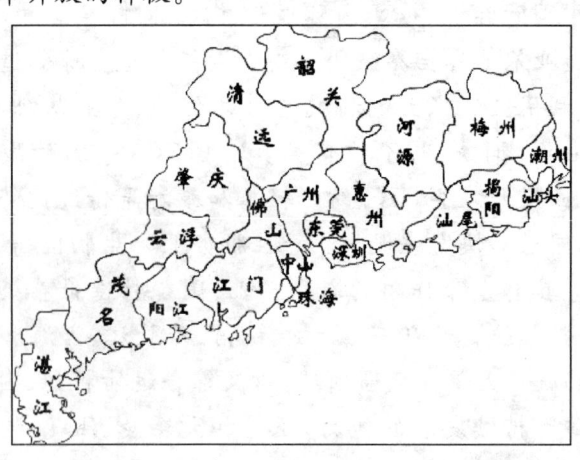

珠江三角洲经济区

海洋经济

根据2009年国家发布的《珠江三角洲地区改革发展规划纲要(2008—2020年)》,未来十多年中,珠江三角洲经济区将进一步加强与港澳的紧密合作,围绕建设"探索科学发展模式试验区、深化改革先行区、扩大开放的重要国际门户、世界先进制造业和现代服务业基地及全国重要的经济中心"的发展目标,进一步提升珠三角经济实力,促进珠江三角社会健康发展;同时,进一步发挥对全国的辐射带动作用和先行示范作用。

94. 什么是海岛经济?

海岛是指四周被海水包围、潮位高时能露出海面的陆地区域。对大多数人来说,因为它远离大陆、人迹罕至而充满神秘的色彩。其实,在当今世界,无论是在政治、军事,还是经济上,海岛的实用价值之大常常超出人们的想象。

山东庙岛列岛

海岛不仅在国土划界和国防安全上地位特殊,而且是发展海洋经济的重要依托。它是一个特殊的海洋资源和环境的地域,具有海洋和陆地双重特征。海岛经济包括海岛陆域及周围海域经济,它是以海岛为依托,开发利用海岛陆域和海域资源而形成的包括海洋水产、海洋交通运输、海洋旅游和海洋工业等产业的综合经济。如果把海岸带经济称作"第一海洋经济带",那么,海岛经济就是"第二海洋经济带"。

我国有500平方米以上的海岛(不包括港澳台)6500多个,总面积6600多平方千米,其中有常住居民的455个,人口有470多万。因此说,开发海岛,把我国海岛建成强大的"第二海洋经济带",对于建设海洋经济强国有着重大的意义。

95. 专属经济区对海洋经济的发展意义如何?

什么是海洋专属经济区?它是指从测算领海基线量起200海里、在领海之外并邻接领海的一个带状的区域。依据《联合国海洋法公约》的规定,在海洋专属经济区内,沿海国对自然资源享有主权权利,可以行使以勘探和开发、养护和管理海床上覆水域和海床及其底土的自然资源为目的的主权权利,以及在该区域内从事经济性开发和勘探的主权权利。沿海国对下列事项有管辖权:人工岛屿、设施和结构的建造和使用;海洋科学研究;海洋环境的保护和保全。此外,沿海国在一定范围内还享有行政管辖权、民事管辖权、刑事管辖权和国际法所赋予的其他权利的管辖。

在一个沿海国家的专属经济区内可能蕴藏着丰富的渔业资源、矿产资源等,为该国的经济和社会长远发展提供重要的接替物资。当前,在《联合国海洋法公约》的框架下,海洋专属经济区已经成为沿海国家海洋资源开发利用的新领域,成为一个国家海洋经济发展的新空间。

96. 为何说大陆架区域经济开发价值巨大?

大陆架指的是大陆边缘被海水淹没的部分,是大陆向海洋自然延伸和缓倾的浅水平台,它的范围是自海岸低潮线起到洋底向海方向坡度迅速变陡处为止(宽度通常为200海里)。依据《联合国海洋法公约》的规定,在大陆架内,国家可以勘探大陆架和开发它的自然资源,包括海床和海底的油气、矿藏等非生物资源和定居类生物资源,对大陆架还可以行使主权权利。

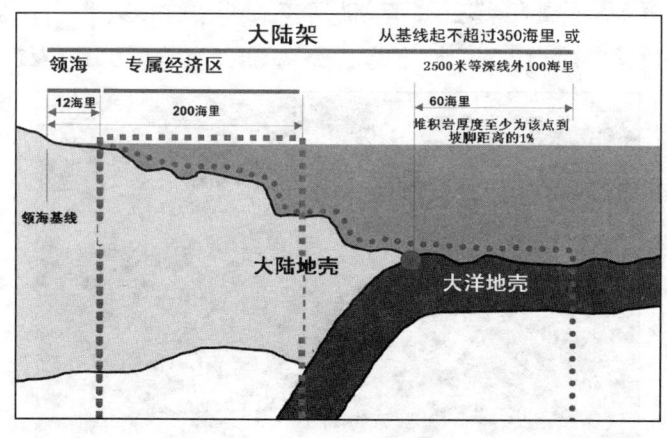

大陆架

大陆架有丰富的矿藏和海洋资源,经济开发潜力巨大。已发现的有石油、煤、天然气、铜、铁等20多种矿产资源,其中已探明的石油储量是整个地球石油储量的三分之一。大陆架的浅海区是海洋植物和海洋动物生长发育的良好场所,全世界的海洋渔场大部分都分布在大陆架海区。大陆架还有海底森林和多种藻类植物,有的可以加工成各种食品,有的还是良好的医药和工业原料。

我国的海洋大陆架区域宽广,黄、渤海全部位于大陆架上,东海大陆架宽200千米~600千米,南海大陆架宽180千米~250千米,总面积达14万平方千米,这里蕴藏着丰富的海洋资源,是我国经济和社会发展重要的资源供给区。

97. 怎样理解大洋经济?

大洋泛指的是公海、国际海底区域和极地及其周围海域的广大海洋和陆地区域。这些区域可是人类共同的财产,属于国际社会共有,供所有国家平等地、和平地共同使用。大洋经济也就是在公海、国际海底区域和极地

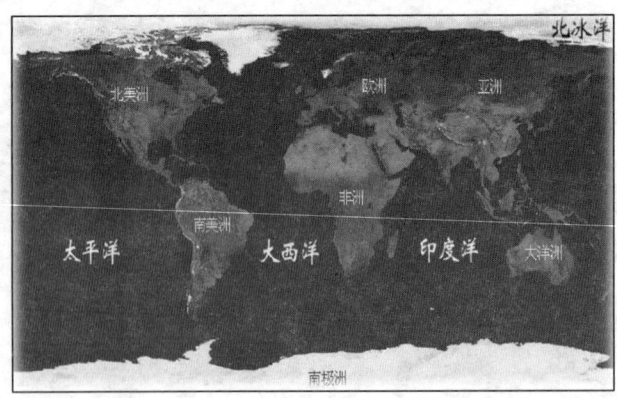

四大洋

进行的产业活动。因此,大洋经济包括有公海经济、国际海底区域经济和极地经济三个部分。

对于公海资源的利用主要有利用公海发展远洋运输、捕捞业,在公海上建设工程设施(如人工岛、铺设海底电缆和管道等),以及进行科学考察和科学研究等。

对国际海底区域资源的利用主要有开发深海海底结核(多金属结核)资源,开发海底热液矿资源,以及开发可燃冰等海底其他矿藏资源。

对极地资源的利用主要是对极地生物资源、矿产资源和淡水资源的开发利用,以及对南北两极进行科学考察和研究等。

98. 国际海底区域有何经济开发意义?

什么是国际海底区域?按《联合国海洋法公约》确立的新的国际法概念,它是指国家领土、专属经济区及大陆架以外的海底及其底土。

实际上国际海底的面积要比海洋表面积小得多,它只占世界海洋面积的65%。科学家们研究发现,国际海底蕴藏着丰富的矿产资源,目前最有可能进行商业开采的是大洋多金属结核资源。该资源分布于世界大洋的底层,以太平洋分布最广,估计储量为

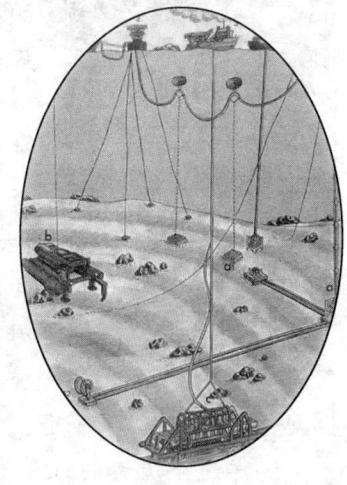

多金属结核开采设想图

17000亿吨,是一项巨大的战略资源。此外,在这一海底区域还极有可能藏有其他未被人类认识的巨量可用资源。可见,国际海底区域的经济开发价值可谓是难以估量的。

但是,《联合国海洋法公约》已经明确规定,国际海底区域及其自然资源是人类共同继承财产,任何国家不得对它提出主权要求或行使主权权利,任何人也不能将这里的资源据为己有。这一区域实际上是对所有国家开放,各个国家都可以以和平的目的利用它。

99. 怎样理解海洋的可持续发展?

可持续发展是20世纪末才提出的一种全新的发展模式。这主要是由于当今世界人类生存与发展所面临的

人口激增、资源趋减、环境恶化的状况已经十分严峻,推动科学规划和可持续已经势在必行。海洋的可持续发展主要是指通过利用法律、政策手段,依靠科技创新和进步,科学合理地开发和利用海洋资源,提高海洋产业的经济效益和生态效益,确保与海洋相关的社会、经济、资源、环境的协调发展,确保当代人受益,也要给后人留下一个良好的海洋资源生态环境。

海洋这个庞大的可用资源库和巨大的自然环境影响因素,对于人类社会发展经济,改善生存质量,推动社会

进步具有重大战略意义,是人类社会可持续发展的重要基础条件。如果没有健康的海洋,就没有良好的地球环境及健康的生命系统,人类的生存必然受到极大的威胁。随着人类开发海洋活动的不断推进,海洋资源、环境面临极为窘迫的处境,生物资源趋减、环境污染加剧、灾害频发已经为我们敲响了警钟。能否实现海洋资源、环境和生态的可持续利用,直接关系到人类未来的生死存亡。

100. 制约海洋可持续发展的人为因素有哪些?

影响和制约海洋可持续发展的因素多种多样,仅从人类社会活动因素来讲,主要分以下几个方面:

(1)政治因素。1994年《联合国海洋法公约》的制定,对海洋的可持续发展起到了积极的推动作用。但由于受国家利益的制约,许多国家对海洋边界的划分还存在很大分歧,海洋开发的无序状态在某些区域仍然难以改变,对海洋的可持续发展会带来严重的负面影响。

(2)经济因素。为谋求更多的海洋经济利益,在海洋开发过程中,只考虑眼前利益而漠视长远利益的现象屡见不鲜。一些国家、组织或个人本着"搂到手就是自己的"的观念,置海洋的可持续利用于不顾,掠夺式开发海洋资源,严重超越海洋生态环境的承受能力。

(3)科技因素。科技是把双刃剑,它在带给人类福利的同时,也对自然环境带来了负面效应。因此,如何在发展和依靠海洋科技的同时,尽可能消除科技的负面效应,是海洋可持续性发展必须考虑的问题。

(4)人口因素。人口膨胀造成的过度地利用资源、排放污染,使沿海河口、海湾污染加剧,近海污染范围扩大,造成许多世界著名的渔场基本上形不成鱼汛。随着世界人口规模的持续扩大,势必对海洋环境造成更大的压力。

(5)军事因素。海洋是沿海国家的国防前线,在国家安全体系中占有重要的战略地位。军事对海洋可持续发展的影响,主要是海洋军事对立、军事冲突、军事设施等方面的活动对海洋生态、环境造成的破坏。

(6)观念因素。海洋可持续发展是一个全新的理念,虽然已经得到国际社会的广泛认可,但在具体实践中,还需要全社会成员的共同努力,才能最大程度地降低对海洋开发和利用的不利影响。

101. 海洋灾害对海洋经济发展有多大威胁?

海洋灾害是起源于海洋的自然灾害,主要有灾害性海浪、海冰、赤潮、海啸、风暴潮和龙卷风,与海洋相关的灾害现象还有"厄尔尼诺现象"、"拉尼娜现象"和台风等。

海洋灾害对海洋经济有着巨大的破坏作用。如形成于热带海洋上的台风引发的暴雨洪水、风暴潮、风暴巨浪,以及台风本身的大风灾害,每年造成的全球沿海经济损失达上百亿美元,大约为全部自然灾害经济损失总量的三分之一。

据统计,近20年来,我国每年由风暴潮、风暴巨浪、严重海冰、海雾及海上大风等海洋灾害造成的直接经济损失约5亿元。目前,就总的情况来看,海洋灾害给沿海各国带来的损失呈上升趋势,已成为制约海洋经济发展的重要因素。

海啸

102. 世界海洋油气开发状况如何?

今天,丰富海洋油气资源的发现,已经将人们对21世纪发展的希望锁定了大海。自20世纪80年代以来,世界石油天然气探明储量和年产量正逐年增长,其中,增量的70%来自海洋油气。目前,世界上已有100多个国家在进行海上石油开采,其中对深海进行勘探的有50多个国家。据国际权威机构预测,全球海上油气产量将从2004年的19.42亿吨增长至2015年的27.4亿吨。而海洋石油产量占全球石油产量将从2004年的34%提高到2015年的39%,达到16.43亿吨;海洋天然气产量占全球产量将从2004年的28%提高到2015年的34%,达到13000亿立方米。

现在,我国已经成为仅次于美国的世界第二大石油消耗国,石油对外依存度达到 42.9%。我国的海洋油气资源储量很大,现已探明的海洋油气资源量有 400 亿吨。据统计,2005 年我国的中国海洋石油总公司生产原油仅为 2789 万吨、天然气 57.5 亿立方米。如果在海域油气勘探开发技术装备上获得新的突破,我国海洋油气资源开发的前景将十分美好。

103. 你了解世界海洋能开发利用状况吗?

海洋能是海水运动过程中产生的能量,主要包括潮汐能、波浪能、温差能、盐差能、海流能等。全世界海洋能

法国朗斯潮汐电站

理论上计算超过 760 亿千瓦。其中,海水温差能约 400 亿千瓦,盐差能约 300 亿千瓦,潮汐能大于 30 亿千瓦,波浪能约 30 亿千瓦,海流能约 6 亿千瓦～10 亿千瓦。由于海洋能属于可再生资源,许多国家都非常重视海洋能的

海洋经济

开发和利用。

潮汐发电是海洋能中技术成熟、利用规模最大的一种。世界上目前已建成或在建的大型潮汐电站已达到139座,法国朗斯的24万千瓦潮汐电站是世界上最大的潮汐发电站。预计到2030年,世界潮汐电站的年发电总量可以达到600亿度。目前已有28个国家或地区进行了波浪能的开发研究,已建设大小波力发电站上千座,总装机容量超过80万千瓦。日本建造的兆瓦级的"海明号"波浪能发电船,是世界上最著名的波浪发电装置。由于海流能、温差能、盐差能发电技术目前尚处于试验阶段,技术还不成熟,其商业性开发利用尚待时日。

104. 我国开发利用海洋能的现状如何?

我国具有丰富的海洋能资源,其中潮汐能资源约为1.1亿千瓦,主要分布在浙江、福建两省,约占全国总量的81%;沿岸波浪能的总功率为0.7亿千瓦,主要分布在广东、福建、浙江、海南和台湾的附近海域;海流能的蕴藏量约为0.5亿千瓦,主要分布在浙江、福建等省;海洋温差能约为1.5亿千瓦;另外,流经东海的黑潮动力能源估计约为0.2亿千瓦。

潮汐能、波浪能是我国已开发利用的两种主要海洋能。目前,我国正在运行发电的潮汐电站共有8座,它们是:浙江乐清的江厦潮汐试验电站、海山潮汐电站、沙山潮汐电站、山东乳山的白沙口潮汐电站、浙江象山的岳浦潮汐电站、江苏太仓的浏河潮汐电站、广西钦州的果子山潮汐电站、福建平潭的幸福洋潮汐电站。这8座潮汐电站总装机容量为 6000 千瓦，年发电量 1000 万余度。我国潮汐发电量仅次于法国、加拿大，位居世界第三。江厦电站是我国最大的潮汐电站，已正常运行了 20 多年。

105. 为什么说美国是世界海洋经济强国？

美国拥有全长 22680 千米的海岸线和 340 万平方海里的专属经济区，它的海洋科技与海洋产业高度发达，海洋经济实力雄厚，是世界一流的海洋强国。海洋在美国的国家安全、经济社会发展中占据着显要的战略地位。

(1) 海岸带经济是美国经济的重要基础。在美国经济中，80% 的国内生产总值受到沿海各州和地区的驱动，而国内生产总值的 40% 以上也是受到了海岸带的驱动，只有 8% 是来自于陆地领域的驱动。据 2007 年资料统计，在与美国海岸狭长地带紧相邻的近岸区内，国内生产总值超过 1 万亿美元，占美国年国内生产总值的十分之一。

伍兹霍尔海洋研究所研制的深海机器人

(2) 美国具有强大的海洋科技实力，为海洋经济发展提供了有力支撑。美国拥有众多世界著名的海洋科研机构，如伍兹霍尔海洋研究所、斯克里普斯海洋研究所、拉蒙特—多哈蒂地质研究所及国家海洋大气局所属的水下研究中心等,各研究机构人才济济、装备先进、资金充足。继"太空军备竞赛"之后,美国人又打算利用海洋高科技优势开启"深海之争"。

(3)美国重视发展海洋未来产业。随着传统能源产业发展萎缩,海洋新能源开发正在成为美国未来重要的投资领域。美国电力研究机构预计,包括大陆和海水动力的能量来源将会在未来满足10%的美国能源需求,可再生海洋能源将会成为美国能源领域的一个重要支柱。在2010年美国政府预算中,已将致力于发展可再生能源的投资增加了一倍。

106. 美国是如何开发深海矿产资源的?

深海区域蕴藏着丰富的多金属结核(锰结核)、热液矿床和天然气水合物(可燃冰)等矿产资源,美国政府极为重视这些深海资源的开发和利用。于2004年7月,美国参议院审议通过了"国家海洋勘探法案",提出优先考虑深海勘探工作,特别是要集中调查具有重大科学与医学价值的深海区域,如深海热液喷口区和海山区。美国众议院有关议案也提出要建立国家海洋勘探项目,从2005—2016年,这些议案项目每年的预算经费将高达4500万~8000万美元。

美国在多金属结核开发技术方面处于领先地位,技术较为成熟,主要采用流体提升式采矿技术、海底机器人采矿技术、拖网采集技术等。由于海底热液矿床分布复杂,技术难度大,而且要求高,美国目前正在研制适合在海底热液采矿船上使用的自动钻探爆破采矿技术,将用

锰结核开采

于开采3000米深的海底热液矿。天然气水合物具有巨大的应用价值和广阔的市场前景,世界各国从不同的关注点对它开展了涉及能源、技术、生物和环境在内的广泛调查和研究。美国是天然气水合物调查研究最活跃的国家,其调查研究一直走在世界前沿。

107. 日本海洋经济发展有什么新特点?

日本是一个岛国,陆地资源极其匮乏,海洋就成了它的经济命脉。进入21世纪,日本政府又制定了新的海洋开发战略计划,以确保大力发展海洋经济。近年来,日本海洋的经济发展有三个突出特点。

(1)海洋经济区域形成。日本重视海洋产业的集群发展,已经形成了多层次的海洋经济区域,这些海洋经济区域,或以大型港口城市为依托,或以海洋技术、海洋高科技产业为先导,或以拓宽经济腹地范围为基础。如长崎县北部、佐贺县西北地区是以海洋相关技术为先导,实施的是"海洋开发区都市构想",已形成 7 个特色海洋开发区。

日本海洋探测船

(2) 海洋开发向纵深发展。日本的海洋开发正在向经济社会的各个领域全方位推进,已经形成近 20 种海洋产业,构筑起新型的海洋产业体系。如港口及海运业、沿海旅游业、海洋渔业、海洋油气业等四种海洋产业已占海洋经济总产值的 70% 左右,其余为海洋土木工程、海洋船舶等产业。

(3) 海洋相关经济活动急剧扩大,包括科技、教育、环保、公共服务等的海洋经济发展支持体系正在形成。一是大力发展海洋监测技术,在 2000 年就已经构筑起先进的海洋监测系统。二是加强震灾研究,积极提供公共服务。在 2004 年末,制成完成了"全日本概观地震预测图",可以对今后30年可能发生的大地震作出科学预测。

108. 日本是怎样开发利用海洋空间的?

日本人口多可陆地面积小,因而,它格外重视拓展利用海洋空间,把海洋作为新的生存空间来重视。日本海洋空间利用的形式多种多样,包括水产养殖、海港、航道、娱乐、填海筑地、废物处理场、海上机场等。现在,已经建成了一座神户人工岛海上城市,该岛长3000米、宽2000米,面积约6平方千米。岛的中心区建有可供2万人居

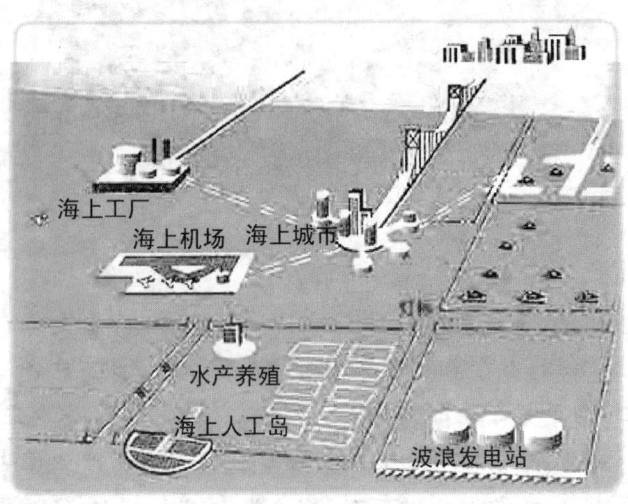

日本海洋开发

住的中高层住宅,拥有商业区、学校、医院、邮局等设施,还修建了公园、体育馆和万吨轮深水码头。日本建成的海上机场已有长崎海上机场、神户海上机场、关西海上国际机场等。

日本对海洋空间利用计划是由沿岸浅海向深水区发

海洋经济

展,利用的面积越来越大,利用的项目也越来越多。为了适应海洋空间利用对先进科技的需求,日本正在积极进行有关的科学研究,包括:海域环境的调查研究,尤其是用先进的技术和方法调查分析波浪对海洋构筑物的影响;海水腐蚀研究;海底地形和地质条件研究;海洋构筑物安全设施的研究;等等。随着科技的不断进步,日本将进一步加强海上港湾、海上机场、跨海大桥、海底隧道、海洋能源基地、海洋牧场等的建设。

109. 法国是如何发展海洋油气业的?

　　法国的海岸线为 2700 千米,拥有 1000 多万平方千米的海上专属经济区,居世界第二位。法国十分重视海洋经济发展,其海洋旅游业、海洋运输业及海洋捕捞业均比较发达。尤其值得一提的是,法国依靠先进的海洋油气勘探技术,在本国海域油气贫乏的情况下,积极向海外拓展,通过双边和多边合作,共同开发与管理别国海域的油气资源,取得了令人瞩目的成就。

　　法国的道达尔石油公司、埃尔夫—阿基坦石油公司在海外的油气勘探区分布于十多个国家,总面积达 230 万平方千米,其中海洋石油勘探区的面积占 60%。由法国两家公司经营的北海费力格气田,每年生产出 50 多亿立方米天然气。目前,法国还在继续向国外拓展,如法国和美国有诺考尔石油公司正在缅甸附近海马达班盆地海域进行油气勘探,这个盆地的总面积达 11068 平方千米。实践证明,法国利用技术换资源的措施非常有效,也非常成功。

110. 为什么说英国是海洋能开发利用大国？

与其他国家相比，英国拥有更多的可再生海洋能源资源，如海洋热能、潮汐能、波浪能和风能等，海洋能的开发和利用对英国来说具有重要意义。从20世纪70年代以来，英国制定了能源多元化的政策，鼓励发展包括海洋能源在内的可再生能源。于1992年，在联合国环境发展大会后，为实现对资源和环境的保护，英国进一步加快了对海洋能源的开发利用速度。

英国把波浪发电研究放在海洋新能源开发的首位。它利用新型海浪发电设备在英格兰的西南部海域已开工建设了世界上规模最大的波浪能发电

世界上首台潮汐能发电机

厂，建成后将在25年时间里生产价值7600万英镑的电能。在潮汐能开发利用方面，英国也进行了大规模的可行性研究和前期开发研究，已具有建造各种规模潮汐电站的技术力量。世界上首台潮汐能发电机已于2008年在英国斯特兰福德湾安装就位。这个名为"SEAGEN"的新型潮汐能涡轮发电机只要直接放在海湾时涨时退的潮

汐中,就能产生可供1140户居民使用的电力。这一装置的投入使用可能带来海洋能源利用领域的"革命",英国这个岛国所需电力的五分之一都可以从环绕它的海洋中获取,从而使英国成为"海洋能源中的沙特阿拉伯"。在21世纪初,英国就着手发展海洋风力发电,按计划将建造200个~500个风力发电场,以满足本国经济发展对风能的需求。

111. 海洋渔业如何成了加拿大支柱产业?

加拿大这个国家外接北冰洋、大西洋和太平洋,拥有世界上最长的海岸线,长达244000千米,占全世界海岸线总长的25%;它的大陆架200海里,为世界第二。漫长的海岸线,使加拿大成为世界上最主要的海洋渔业国家,也是现代化海洋渔业产业发达的国家,海洋渔业成为它的支柱产业。

加拿大海洋渔业

加拿大的海洋捕鱼业主要聚集在大西洋,占加拿大全部捕鱼量的82％。它的主要鱼产品是鲱鱼(鲱鱼卵)、虾、雪花蟹、扇贝、鳕鱼和龙虾。它在太平洋的捕鱼量占全部捕鱼量的14％,主要的鱼产品有狗鳕、太平洋鲱鱼(鲱鱼卵)、岩鱼和三文鱼。近些年加拿大的海水养殖业也日渐活跃,海水养殖的品种主要有三文鱼、牡蛎、蛤蜊、扇贝,是世界上人工饲养三文鱼的主要供应国之一。同时,加拿大75％以上的鱼类和海鲜产品出口到世界80多个国家,是世界主要渔业出口国。美国则是它的最大出口市场,其次是日本和欧洲市场。

112. 韩国是怎样成为世界第一造船国的？

韩国的造船业约占国际市场份额的40％,是名副其实的"世界造船第一强国"。像韩国这样的小国,怎么能创造奇迹多年稳居世界船舶老大的位置呢?

(1)非常重视基础设施建设。韩国的几大造船企业,基本都是在订单没有着落的情况下,就开始投入大笔资金进行基础设施建设。它的现代和大宇两家造船公司就是在没有新船订单之前,就已经先投资兴建了世界级的大型船坞。

(2)致力于制造高技术含量的船舶。韩国造船企业在做大的基础上,还致力于生产高附加值的船舶,以提高生产效率。韩国的主要几家造船厂都有自己的独到强项。现代重工业公司以建造液化天然气运输船见长;而三星重工业公司则在建造海洋勘探船方面独占鳌头,在世界市场上占有60％的份额;大宇重工业公司在建造大型油船方面称雄,目前正运营在世界各地的大型油船中,大宇公司出产的占 10%,在世界造船业中名列前茅。

韩国大宇造船厂

(3)注重低成本竞争。韩国的钢铁、机械工业比较发达,造船所需的钢材和机械基本能实现自给,不仅材料供应有可靠的保证,同时也降低了成本。韩国的浦项钢铁公司已经成长为世界第五大钢铁生产企业。为解决生产用地、劳动力不足的问题,近年来,韩国三大船企不断加大与我国的合作,在我国建造了大型船舶分段船坞加工厂。这种做法大大降低了生产成本,有利于韩国保持世界造船霸主的地位。

113. 我国海洋油气资源开发状况如何?

我国的海域油气资源储量丰富,石油资源量约为 319 亿吨,占全国石油资源量的 26%;天然气资源量约为 19.3

万亿立方米,约占全国天然气资源量的27%。近年来,我国海洋油气发展速度很快,中国石油、中国石化、中海油和上海申能集团均开展了近海石油开发活动,并与国际大石油公司开展了各式各样的石油合作。

深海钻井平台

目前,我国的勘探开发潜力远没有得到充分发挥。一是我国海上油气活动主要集中在渤海、东海和南海的近海海域。占我国领海面积四分之三的南海地区,油气储藏最为丰富,但几乎没有开发,已经建设的油气井也主要集中在离海南岛不远的区域。二是油气勘探活动主要集中在浅水区,对南海南部的深水区只进行了概查和局部地区的地球物理普查。据国土资源部油气资源战略研究中心的数据显示,南海南部的油气资源中,深海石油资源超过50%、深海天然气资源超过40%。因此,这一海域油气将是我国未来最具开采潜力的区域之一。

114. 我国为什么要大力发展海洋工程装备业?

随着全球对海洋油气资源的开发力度不断加大,作为海洋油气开发业的主要工具,海洋工程装备需求量巨大,全球市场的规模大约为400亿~500亿美元之多。目

海洋经济

前,这一市场主要被新加坡、韩国、欧洲和美国等少数国家和地区的企业所占据,我国占有的市场份额还不足5%。

我国海上钻井平台

加快海洋油气资源的开发速度,是缓解我国能源紧张问题的重要途径。于2008年,我国的国有资产监督管理委员会批准了中国海洋石油总公司投资2000亿元,准备用10~20年的时间在我国南海建成年油气5000万吨的产能。目前,我国的两大石油公司中石油和中石化也获得了海上油气开发区块,正在为大规模"下海"做积极准备。随着我国各大石油公司在海洋油气开采领域的不断拓展,势必增加对海洋工程装备的大量需求。

国际深海油气资源开采装备在钻—储—运各个环节上已经呈现出大型化和多功能化的发展趋势。而我国的海洋工程装备技术水平与国际相比还有相当大的差距,这也要求我国的海洋工程装备业必须大力发展。

115. 世界海洋经济发展的趋势如何？

自从《联合国海洋法公约》的生效以后，世界的经济、政治格局已经发生了重大变化，国际组织和世界各国对海洋经济的发展越来越重视。主要表现在以下几个方面：

(1) 海洋意识普遍增强。发达国家把海洋开发作为国家战略加以实施，形成了许多新的海洋观，如海洋经济观、海洋政治观、海洋科技观、海洋地理观以及新的海洋国土观、国防观和海洋军事空间观等。

(2) 海洋开发方式向高层次发展。海洋开发的方式正由传统的单项开发向现代的综合开发转变；开发的空间从领海、毗连区向专属经济区、公海推进；开发的内容由资源的低层次利用向精深加工领域拓展。

(3) 海洋环境保护已经成为世界各国的自觉行动。人类对海洋的观念从过去一味地索取转变为海洋的可持续利用。在开发海洋的同时，人类还认识到应该把海洋作为生命支持系统加以保护。"维护海洋健康"将成为21世纪人类保护自己的自觉行动。

(4) 海洋管理更加科学。21世纪海洋管理的范围由近海扩展到大洋，由一国管理扩展到全球合作管理；管理的内容由各种海洋开发利用活动扩展到自然生态系统；管理的方式在强调利用法律手段的同时，更多地使用培训和宣传教育手段。在适应海洋管理模式变化的同时，海洋管理科学和技术也逐渐成熟，正在形成内容广泛的海洋管理科学体系。

116. 我国应如何推进海洋经济的健康发展？

世界对海洋的开发和利用已经逐步地走向成熟和更为科学,作为一个负责任的发展中的大国,我们又应该怎样来推进海洋经济的健康发展呢？

(1)强化民族海洋意识。中华民族要走向世界,实现和平崛起,必须彻底改变重陆轻海的传统意识,牢固树立新的海洋价值观、海洋国土观、海洋经济观,注重建设海洋文明。

(2)优化海洋产业结构,大力扶持新兴海洋产业。用先进技术提高产业技术基础,改造渔业、盐业等传统产业,优化内部的行业结构;同时,培育新兴产业,以新技术为核心,扶持海上油气、海洋药物、海洋工程、海洋电子等新兴海洋产业。

(3)推进科技兴海战略,加强海洋科技创新。要在海洋生物资源综合开发技术、海水资源开发利用技术、海岸与海洋工程技术、海洋能源及矿产开发应用技术、滨海旅游资源的开发技术、海域资源和海洋环境评估技术、海洋监测及海洋灾害预报与预警技术、海洋污染防治和海洋生态保护技术等关键技术领域,重点开展科技攻关和成果应用。

(4)健全综合管理体制,建立协调发展机制。应加强完善海洋综合管理体制,把海洋行政管理、海洋行政执法、海洋科技、海洋服务等各项工作组合为一个有机的整体,统筹兼顾地推进陆地与海洋的发展。

(5)加强资源环境保护,坚持海洋经济可持续发展。

必须确立科学发展的理念，推广循环经济模式，强化海洋资源开发的统筹规划；提倡海洋经济发展与环境保护协调，遏制海洋污染，防御海洋灾害，加强海洋生态环境的修复工作，建立良性海洋生态系，以保障海洋资源为人类永续利用。

117. 我国为什么实行海域有偿使用制度？

中国海域有偿使用制度研究

在过去相当长的时间里，人们习惯地认为海域资源是自然形成的，没有人为的劳动力和资金等的投入，因而，海域资源应该是无价的，也应该为无偿使用。但是，进入到现代社会后，由于在使用海域时需要投入必要的人力、财力、物力和必要的技术，因而，今天的海域使用也就有了经济学意义上的"资产化"特点，变得有价值了。为了体现海域的价值，我国已经明确规定，海域属国家所有，国家实行海域有偿使用的管理制度。

对海域实行有偿使用制度，是在市场经济条件下依法对海域资源合理开发与保护的根本措施。它有利于国家的海域所有权从经济上得到保证，可以避免海域国有资产的流失，使国有资源、资产保值和增值。同时，海域有偿使用制度也有利于建立一种海域资源更新的经济补偿机制形成。国家将征收的海域使用金，用于海域资源的再生产,促进海域资源的新陈代谢,形成海域开发、整治、保护和管理的良性循环。

118. 什么情况可以无偿使用海域?

我国的《海域使用管理法》实施后,对海域使用执行的是有偿使用管理办法。那么,在什么情况下可以无偿使用海域呢?

我国规定,单位和个人在使用海域时,应当按照国务院的规定缴纳海域使用金,同时,并不排除在特殊情况下对海域也可以无偿使用。明确免缴用海使用金的内容包括:军事用海;公务船舶专用码头用海;非经营性的航道、锚地等交通基础设施用海;教学、科研、防灾预灾、海难搜救打捞等非经营性公益事业用海。

对于公用设施用海、国家重大建设项目用海、养殖用海的,经有批准权的人民政府财政部门和海洋行政主管部门审查批准后,也可以减缴或者免缴用海使用金。

119. 你了解我国的渔业捕捞许可证制度吗?

实际上,捕捞许可证制度是许多国家都采用的一种渔业管理制度。它的目的就是要通过限制捕鱼的渔船和渔具的数量或生产能力,将捕捞量控制在与渔业资源生产量相适应的水平。对渔船和渔具的数量或生产能力的限制,也是通过限制捕捞许可证的发放数量,或者在许可证内容中对捕捞时间、空间、对象、渔具种类和规格等加以限制来实现的。

我国是从1986年起开始实施的《渔业法》的,从那时起就正式实行了捕捞许可证制度。在《渔业法》的第十六

条明确规定："从事内水、近海捕捞业,必须向渔业行政主管部门申请领取捕捞许可证。"而在第十七条中又进一步明确:"在内水、近海从事捕捞业的单位和个人,必须按照捕捞许可证关于作业类型、场所、时限和渔具数量的规定进行作业,并遵守有关保护渔业资源的规定。"

在2000年施行的我国新的《渔业法》中,又进一步强化了捕捞许可证制度。同时规定,只有同时具备"渔业船舶检验证"、"渔业船舶登记证"和"捕捞许可证"三证的渔船才能从事捕捞作业。

120. 我国的捕捞限额制度是什么时候实行的?

捕捞限额制度是当今世界上主要渔业国家普遍实行的一种先进的渔业管理制度。捕捞限额一般是指对一定时间、一定水域内捕捞鱼类资源的数量规定一个限额。

我国提出的实现1999年海洋捕捞产量"零增长",这可以说是捕捞限额制度的开始,但它还不是一种制度,而仅仅是设立的一个目标。为了进一步加强渔业资源保护,加强捕捞渔船的监督管理,保障捕捞渔业的可持续发展,根据《联合国海洋公约》及有关国际协定的要求,以及对我国渔业管理的实际需要,我国于2000年重新修订了《渔业法》。新的《渔业法》规定:"国家根据捕捞量低于渔

海洋经济

业资源增长量的原则,确定渔业资源的总可捕捞量,实行捕捞限额制度。"至此,我国开始正式推行捕捞限额制度。

121. 我国的海洋经济统计是怎样进行的?

从国家宏观管理的角度而言,及时准确地掌握全国海洋事业发展的进度和水平,实时调控与制定相应的政策和发展战略,保证海洋经济健康、较快发展,需要相应的海洋经济的统计数据与以支持。

我国的海洋经济统计是采用国际通用的国民经济核算体系标准,是国民经济统计在海洋领域的一个分支。统计范围涉及国民经济行业分类的20个门类、70个大类、172个中类和313个小类,将国民经济行业中的所有涉海行业均纳入其中。它主要包括:海洋水产业、海洋石油与天然气、海滨砂矿、海洋盐业、沿海造船业、海洋交通运输业、沿海旅游业、海洋化工业、海洋生物制药和保健品业、海洋电力和海水利用业、海洋工程建筑业、海洋信息服务业及其他海洋产业。

海洋经济统计提供的是整个海洋经济运行状况的系统数据,它反映了海洋经济的发展水平、总体规模和产业结构。国家海洋局每年对海洋经济进行核算,并通过公报形式向社会公开发布。海洋经济统计公报主要对海洋经济总体运行情况、主要海洋产业发展情况、区域海洋经济发展情况和海洋综合管理情况进行公布。

122. 你知道什么是海洋生产总值吗?

海洋新兴产业的迅速发展,海洋经济的日益壮大,客观上要求有一个指标,来反映海洋经济的总体运行情况,构成这种总体运行情况的统计数字就是海洋生产总值了。它是指按市场价格计算的,在一定时期内沿海地区常住单位海洋经济生产活动最终可以用数字表示的成果。海洋生产总值的主要功能是反映海洋经济活动的总体情况,衡量海洋经济对国民经济的贡献水平。它是由海洋产业增加值和海洋相关产业增加值两部分组成。

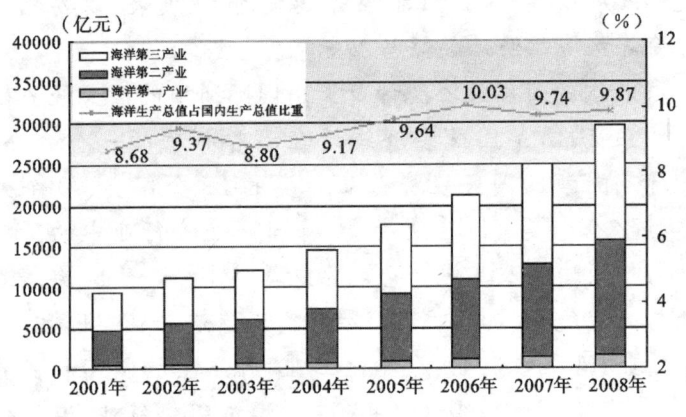

2001—2008年我国海洋生产总值情况

我国海洋生产总值核算的调查区域主要涉及11个沿海地区、53个沿海城市,不仅包括海洋渔业、海洋油气业、滨海旅游业等12个主要海洋产业,还有海洋科研教育管理服务业,以及海洋设备制造业、涉海产品及材料制造业、涉海服务业等。2008年全国海洋生产总值29662亿元,同比增长11%,占国内生产总值的9.87%。

海洋经济

日新月异朝阳产业

123. 什么是海洋产业？

产业是指经济社会的物质生产部门，每个部门都专门生产和制造某种独立的产品，如"农业"、"工业"、"交通运输业"等。同样道理，海洋产业则是指人类开发利用海洋资源所形成的生产、生活事业。

我国是海洋大国，海洋经济成为我国国民经济的一个重要组成部分。而海洋产业则是海洋经济的"孵化器"，海洋资源只有通过海洋产业这个孵化器才能转化并成长为海洋经济。所以说，海洋产业是海洋经济的基础，是海洋经济存在和发展的基本前提条件。

124. 海洋产业是如何划分的？

海洋产业的分类方法有很多种，可以按照时间顺序划分，也可以按照产业的属性划分。

如果按照形成的时间顺序划分：20世纪60年代前存在的海洋产业为传统海洋产业，它包括海洋捕捞业、海洋交通运输业和海盐业等；20世纪70年代以后形成的海洋产业为新兴海洋产业，它包括海洋油气业、海洋增养殖业、滨海旅游业和海洋服务业等；21世纪内可以形成规模的产业为未来海洋产业，它包括海水综合利用业、海洋能利用业、海洋生物技术业、海水化学资源开发业、海洋观测和勘探技术装备业、深海采矿业等。

如果按照产业的属性划分：海洋第一产业，包括海洋渔业、海洋植物栽培业、海洋牧业、海涂种植业等；海洋第二产业，包括海洋矿产业、海洋油气业、海洋盐业、海水产品加工业、海洋药物业等；海洋第三产业包括海洋交通运输业、海洋旅游业、海洋科技教育业和海洋服务业等。

125. 谁是海洋产业发展的主力军？

新兴海洋产业具有强大的生命力，它以技术的突破、创新来带动产业和企业的发展，代表了海洋产业未来发展的趋势，如果能认真调整好海洋产业政策，促进新兴海洋产业规模的不断扩大，它必将成为海洋产业未来发展的主力军。

新兴产业代表着现代科学技术的新水平，具有很高的科技依赖性和知识含量。近20—30年来，随着社会生产力的不断进步，海洋捕捞、海洋运输和制盐业等传统产业在海洋经济中的比重逐步降低，我国的海洋油气业、海水养殖业、滨海旅游业等新兴海洋产业的产值已超过海洋产业总产值的30%，还将持续增长。目前，有些新兴海洋产业已经成为现代海洋产业的主导产业，还有更多的新兴海洋产业正在向主导产业挺进。

126. 我国海洋产业结构的基础状况如何？

随着海洋开发能力的提高，我国的海洋产业已经不再局限于对海洋资源的低级、粗放型利用，而是逐渐向依靠高科技、深层次开发利用发展。进入21世纪以后，我国的海洋产业结构得到了普遍升级，基本状况具体表现为：海洋产业的门类较为齐全；传统的渔业比重下降，滨海旅游业发展迅猛；新兴海洋产业发展较快，但传统产业仍占主体地位；海洋第二产业的结构还需进一步提升；海洋第三产业的服务业仍发展较慢。

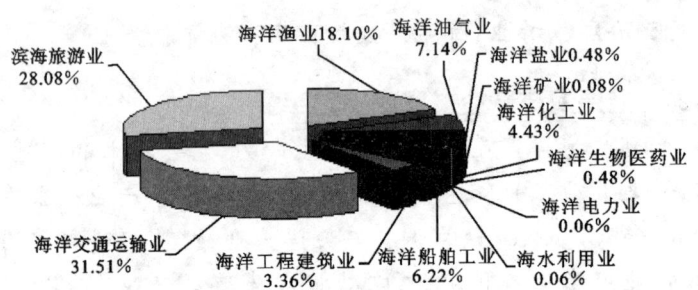

2008年我国主要海洋产业增加值构成图

国外发达国家海洋产业发展过程表明,海洋产业结构具有由低层次到较高层次、由低级化到高级化循序渐进发展的一般特征。海洋产业结构逐步优化是海洋经济发展的必然趋势。

127. 如何理解鱼盐之利、舟楫之便?

"鱼盐之利,舟楫之便"出自司马迁的《史记》。从远古时代直至15世纪末这段漫长的历史时期中,由于人们对海洋认识的局限性和海洋技术与设备的落后,决定了人们利用海洋的活动主要局限于海水制盐、近海捕捞与短途航行等方面。虽然在15世纪后期,一些航海业较为发达国家和地区通过海上航运进行海外贸易的活动有所发展,但直到15世纪末,各国航海活动的航程均极为有限,只是从本国海岸出发的就近航海。亚洲与欧洲之间并未沟通海上航路,亚洲人或欧洲人都没有直航美洲或大洋洲,更没有开通全球性的航路,海外贸易也没有形成规模。因此,靠海吃海和就近航海的实践,使人们对海洋形成了"鱼盐之利,舟楫之便"的认识。

我国在民国以前,由于海洋技术和设备的不发达,对海洋的利用无论在深度上还是广度上都十分有限,人们对海洋的利用基本局限于海水晒盐、近海捕捞及航行等,"鱼盐之利,舟楫之便"即是对我国早期用海情况的形象描写。

128. 什么是临海产业?

仅仅从字面来理解临海产业,人们会认为临海产业就是靠近海边的产业,其实这种想法是不确切的。临海产业并不是从区域上来讲的,而是指介于海洋产业和其他陆域产业之间、需要依托海洋空间和其他海洋资源而发展起来的产业。

临海产业具体可以分为三类:第一类,利用海运原料和产品的工业(也称港口工业)。如宝山钢铁公司等沿海钢铁工业、沿海经济技术开发区的外向型加工业等。第二类,利用海域空间的企业。如修造船工业、海洋开发设备制造业和筑港工程设施等。第三类,可以大量使用海水做冷却水的企业。如海盐化工业、港口电站、滨海核电站及其他耗水工业。上述临海产业在我国大连、青岛等沿海港口城市都有一定规模。

129. 临海型工业是如何发展的?

临海型工业一般是在海岸开发的基础上发展起来的,是以海岸带空间作为发展基地的产业。第二次世界大战以后,由于海运技术的进步以及海洋运输工具的大型化,出现了超级油轮等巨型运输船只和集装箱运输船,从而形成了一种从国外原料产地运进原料,在本国临海地区建立大型工业企业,待生产制成品后再输出海外的产业格局。临海型工业是依托廉价而便利的海运条件发展起来的，通常在沿海地带形成大型工业联合企业，如大型钢铁联合企业、大型石油化工联合企业等。这类工业企业一般都有专用码头，原料和制成品大部分或部分依靠水运。对于消耗大量原料的工业，如钢铁、石油化工等大型企业，如果在沿海布局会有运价廉和运量大的优点。

临海型工业发展最为典型的国家有日本、西欧、美国。特别是生产依赖外国原料、产品销售又依靠外国市场的日本，它的临海型工业特别发达，已经形成了濑户内海和沿太平洋海岸的工业带。

130. 临海型工业有哪些特点？

从产业的角度来讲，临海型工业的产生是大型港口出现的必然产物，大型港口的发展又必然带动临海型工业的兴起，应运而生的临海型工业群又会给大型港口倾注蓬勃的生机活力。临海型工业群本身就是近在咫尺的"经济腹地"，它的产销运作可以吸收和释放巨大的物流，给港口经营以有力的支持。

从资源的角度来讲，临海型工业介于海洋产业和陆域产业之间。一方面，临海型工业把海洋资源的利用及海洋优势的发挥由海域向陆域转移和扩展；另一方面，临海型工业可以促进陆域资源的开发利用和经济力量向沿海地区集中。这两种功能的结果是把海洋资源的开发与陆域资源的开发、海洋产业的发展与其他产业的发展有机地联系起来，促进了海陆经济一体化的建立。

131. 水产品加工包含哪些内容？

水产品加工是渔业生产活动的延续，它随着水产捕捞和养殖生产的发展而发展，是提高水产品综合效益和附加值的重要途径。优质的水产品再通过深加工可以进一步提高产品品味；如果是低值的水产品，若通过深加工也可以增加营养成分和提高综合利用效率。

水产品加工车间

目前，水产品加工成品包括水产冷冻品、腌干制品、罐头制品、调味制品、鱼糜制品、鱼粉、海藻食品、海藻化工、海洋保健食品、海洋药物、鱼皮制革及工艺品等十几个行业门类。我们经常在超市看到的水产品加工成品有烤鱼片、鱼罐头、海苔片等。

国际上水产品加工的发展趋势是：低值水产品综合开发利用速度加快；优质水产品深加工品位提高；合成水产食品、保健水产品、美容水产食品得到开发并广受青睐。国内水产品加工也由过去的初步加工、粗加工向精深加工方向发展，朝着方便化、保健化、美容化和保鲜化方向发展。

132. 水产品加工业对渔业发展有哪些作用？

国际产业发展的实践证明，渔业无论如何重要，未来在国民产值中的比例也将退居第二、第三产业之后。通过水产品加工，可以使渔业从单纯的生产环节，发展为新的产业链条，推动渔业发展向更高水平迈进。既满足了市场的需求，也提高了产业效益。

水产品加工延长了渔业生产的产业链，具有拉动产业升级效应。渔业从产出到消费的过程简单，这导致在渔业旺季时市场上经常出现鱼类价格低、产品滞销的情况。而水产品加工可以使鱼类的保质期更长，减轻了淡旺季间的明显差别。同时，经过加工后的水产品可以提高渔业产品的使用价值，增加原产品的附加值。

水产品加工可以促使渔业向区域化、特色化方向发展。在市场经济条件下，水产品加工在渔业生产与销售之间架起了连接桥梁。如海南省在提出"大力发展加工业，以对虾加工、罗非鱼加工为主"后，渔民们进行对虾、罗非鱼养殖的热情高涨，已经形成了区域化、特色化的养殖局面。

133. 什么是休闲渔业？

休闲渔业是一种人们用于劳逸结合的渔业活动方式，是以提高渔民收入、发展渔区经济为最终目的的新型渔业。当人们去沿海城市或海岛城市旅游度假的时候，可以参加一些钓鱼、钓虾、捉蟹等活动，这种把旅游观光、水族观赏等休闲活动与现代水产养殖业结合起来的方式就是休闲渔业。

游钓船准备出海夜钓

休闲渔业不仅有利于增进人们对渔村与渔业的了解,提升旅游品质,还可以提高渔民的经济收入,促进渔村发展。

134. 休闲渔业的发展状况如何?

休闲渔业在发达国家早已形成了产业,但在我国还刚刚兴起。休闲渔业最早出现在一些经济较为发达的沿海国家和地区,并且发展迅速。随着时代的发展,休闲渔业已经从早期纯粹的休闲、娱乐、健身逐渐发展到旅游、观光、餐饮等行业与渔业的结合,实现了渔业第一产业与第三产业的结合。目前,东南亚诸国已经将休闲渔业与旅游业结合,形成了内容丰富的游钓业;美国休闲渔业的总产值甚至超过了传统捕捞渔业,占到整个渔业产值的60%。

近年来,休闲渔业在我国发展很快,具有良好的经济效益与发展潜力。据统计,在我国13亿人口中,爱好钓鱼的人口达9000多万人,钓鱼已被国家体委正式列入"全民健身计划纲要"加以推广。作为一个"钓鱼大国",如果每位钓鱼者年均消费200元,每年就会有200亿元的市场。

135. 我国休闲渔业有哪些开发方式?

为了提高国民的海洋经济意识和提升人们的生活品味,确实有必要了解休闲渔业更多的相关知识。我国的休闲渔业可分为五种形态。

(1)运动形态,主要是以钓鱼为趣的体育运动。如浙江舟山的海钓休闲旅游、海南的海钓大赛等。

(2)体验形态,就是让游客直接参与渔业活动,采集贝壳类等。如天津的贝壳堤自然保护区旅游、三亚的潜水项目等。

(3)食鱼形态。如浙江省发展最早的、最出名的舟山沈家门夜排挡等。

(4)游览形态,这在发达国家,特别是渔业资源比较丰富的地方表现特别明显,如香港的海洋公园、浙江千岛湖的巨网捕鱼等。

(5)教育文化形态,这在发达国家也较为普遍,主要是水族馆、渔业博览会及各种展览会等,带有一定的教育性和科技普及性。

136. 臼水捞银子导致了什么样的结果?

海洋捕捞业是利用各种渔具在海洋中从事对具有经济价值的水生动、植物的捕捞活动,它是海洋水产业的重要组成部分。生长在渔村或渔港附近的人们应该很了解,渔村的小渔船出海打鱼或渔港的大渔船去远洋捕捞都属于海洋捕捞业的范围。

我国在20世纪50年代以前,海洋渔业资源丰富,捕捞成本低,在海里捕鱼就像在水里捞银子一样,因此人们就把海洋捕捞称为"白水捞银子"。由于利益的驱使,越来越多的人开始加入海洋捕捞行业,捕捞工具也越来越先进,使我国的海洋捕捞业突飞猛进,捕捞量连续很多年一直位居世界前列,海洋捕捞业也成为新中国成立后发展最快的产业之一。但是自1990年以来,由于沿海各地过度发展海洋捕捞业,盲目增添渔船、渔网,无节制地进行海洋捕捞,以至于我国的海洋渔业资源逐年衰退。目前,我国的海洋捕捞强度已超过渔业资源的再生能力,严重威胁着海洋渔业的可持续发展。

137. 影响海洋捕捞业发展的因素有哪些?

渔业资源量的多少是影响海洋捕捞业发展的最直接因素。一旦渔业资源达到过度利用,甚至枯竭,将会严重影响海洋捕捞业的发展。

环境变化是影响海洋捕捞业发展的重要因素。环境的变化一方面是自然因素引起的,比如气候突然变冷或变暖、台风、风暴潮等;另一方面是人为因素引起的,如赤潮、温室气体排放、海水污染等,甚至有些人随手乱扔的垃圾袋都可能成为鱼类、海龟的致命杀手。

渔业技术装备的进步会大大促进海洋捕捞业的发展。渔具的发展可增加捕捞强度,大型渔船、高级渔网会

近海捕捞船

使捕捞业越来越向远洋深海迈进；另外，渔业监测水平的不断提高，遥感、雷达在渔业动态监测上的使用，也使海洋捕捞业由盲目撒网转向"有的放矢"。

138. 远洋捕捞具有哪些特点？

远洋捕捞是海洋渔业活动的重要部分，是指远离本国渔港或渔业基地、在远洋海域或深海进行海洋捕捞的活动。

远洋捕捞，一般具有距离远、时间性强、鱼汛集中和不易保鲜等特点。因此，对船队的配置要求比较高，一般由机械化、自动化程度较高，助渔、导航仪器设备先进、完善，续航能力较长的大型加工母船（具有冷冻、冷藏、水产品加工、综合利用等设备）和若干捕捞子船、加油船、运输船组成。远洋捕捞的主要渔具有拖网、围网、流网、延绳钓、标枪等。远洋捕捞的鱼种和近海捕捞的不同，主要以捕捞鳕、鲱、鲲、金枪、鲭、鲹、鲽、竹刀科鱼类以及头足类、甲壳类和鲸类等为主。

大型金枪鱼围网船

发展远洋捕捞业,不仅有利于减轻和缓和沿岸、近海捕捞强度,合理布局渔业生产力,而且还有利于提高渔业工业化水平、促进海洋科学技术事业的发展。

目前,世界上远洋捕捞大国主要有俄罗斯、日本、西班牙、波兰、韩国,我国正在跻身于远洋渔业大国的行列。

139. 我国的海洋捕捞业面临哪些困境?

尽管我国的海洋捕捞业是我国海洋渔业发展的重头戏,但仍然在某些方面面临着不少问题。

首先,由于捕捞渔船的吨位普遍较小,捕捞的重点仍然放在近海,大洋性捕捞所占的比重还很小。其次,我国传统的捕捞区域变小,自从中日、中韩渔业协定签字生效以来,部分渔民已经不能再到以往海域进行捕捞。再次,海洋污染没有得到有效的控制,很多地区出现了不同程度的赤潮等灾害,极大地危害了海洋生物的生存,使渔业资源出现衰退现象。最后,随着石油价格的上涨,船用柴油的价格也随之上扬,使得海洋捕捞成本增加,渔业市场进入低谷。此外,鱼价过低也是海洋捕捞进入低谷的原因之一。

140. 什么是海水增养殖?

海水增养殖业是海洋渔业中的新兴产业,这种产业的发展依赖于海洋生物资源增养殖技术的进步。关于什么是增养殖业和增养殖技术,国内外都没有明确的定义。一般来说,它包括养殖和增殖资源两部分。养殖是指从育苗、养成到收获完全在人的管理之下进行的生产活动;增殖

人工网箱鱼类养殖场

是指通过人工措施,如放流苗种,建立人工鱼礁改造渔场环境等,使资源得到增加的活动。海水增殖和养殖技术包括育苗、饵料、防治病害、改造渔场环境,以及其他增养殖工程技术等。

141. 我国的海水增养殖技术发展如何?

应该说,近几十年来我国的海水增养殖技术一直是不断发展的,有些领域还比较先进。例如,20 世纪 50 年

海洋经济

代,在曾呈奎等老一辈生物学家的带领下,我国的海带育苗和人工养殖技术获得成功,使海带养殖业从北到南迅速展开,到1958年,我国的海水藻类养殖产量已经达到38000吨。20世纪60年代紫菜育苗技术获得突破,紫菜养殖在我国发展迅速,使我国一跃成为世界紫菜生产大国;70年代贻贝育苗技术获得突破,贻贝养殖迅速发展并形成规模化。1970年全国贻贝养殖产量仅有800多吨,到1977年则达到60000多吨。20世纪80年代对虾工厂化育苗和养殖技术在青岛取得成功,使对虾养殖成为80年代海水养殖的亮点。90年代以后,以海参、鲍鱼养殖为代表的海珍品养殖开始兴起,深水网箱、工厂化养殖等集约化养殖方式开始在全国推开。自20世纪90年代以后直至现在,我国主要发展海水网箱养鱼技术,少量进行人工放流增殖。

142. 什么是人工放流增殖?

人工放流增殖是把人工培养的生物种苗投入适宜的渔业资源水域,以达到提高该海域渔业资源量和改善该海域渔业资源结构的目的。人工放流增殖对于改善渔业生态环境、修复渔业资源、维护生态多样性、保护珍稀濒危水生野生动物均有重大意义。

国外进行人工放流增殖的案例有很多。如美国每年把数百亿尾鱼苗放流到北太平洋和西北大西洋海域。俄罗斯在远东堪察加、库页岛等地建立了数百处增殖场、放流站。韩国的渔业资源放流最早可追溯到1967年,当时是在江原道放流了大马哈鱼。1986年,韩国政府开始把水产资源增殖放流当作一项正式的产业扶持发展。

人工鱼苗放流

我国的人工放流发展较快。2005年我国在辽宁省锦州市首次大规模放流海蜇。自2005年开始,青岛市每年都要进行人工放流活动。我国还计划用10年时间,通过增殖放流等活动增加渤海的资源量。

143. 什么是海洋牧场?

海洋牧场是在一个特定的海域,应用海洋生物技术和现代化管理手段,建立的开发生产海洋生物资源的场所,以便有计划地培育、管理海洋生物资源。在这个特定海域里养殖海产品就像在草原牧场放牧一样,因而被形象地比喻为海洋牧场。

鱼类的海洋牧场是采用建造和布设人工鱼礁、以营造人工海藻林等工程技术措施,营造适合于鱼、虾、贝类等海洋生物的栖息、繁衍、索饵和躲避敌害的生态环境,人为地控制鱼类的生态系统,以提高海洋生物资源数量。

海洋经济

20世纪50年代,日本建造了世界上第一个海洋牧场——黑潮牧场。它是由水面渔礁、给饵浮标和水下暗礁三部分组成,水面是渔礁吸引鱼群,给饵浮标为鱼群提供饵料,水下暗礁为鱼群提供栖息生养场所。近十几年来,海洋牧场在韩国发展速度很快,目前已建成了5座不同类型的大型海洋示范牧场。

韩国统营海洋牧场

海洋牧场的发展促进了渔业从"狩猎型"向"畜牧型"转变。有人认为,在陆地上由狩猎转变为畜牧,使人类动物性食品的生产率提高了20倍,是人类社会生产力发展的一次飞跃。如果今后海洋渔业也能实现"畜牧化",更加充分地利用广阔的海域水体条件和海洋生物的生产力,那么,海洋为人类提供动物蛋白的数量将是非常巨大的。

144. 世界上的捕鲸活动是如何发展的？

人类早在 3000 年前就开始了捕鲸活动，但都是些小规模的个体行动。从 9 世纪起，巴斯克人开始了有系统、有组织的捕鲸活动。在法国与西班牙靠大西洋岸的比斯开湾附近，每年约有 6 个月的时间，大群的露脊鲸到此海域过冬产仔。巴斯克人先把系在浮子上的标枪插进鲸的体内，当小船更靠近鲸时，船上的人就用三叉鱼枪猛击鲸。鲸一旦被杀死，便被拖到岸边，在岸上切割成块，并将鲸肉、鲸脂、鲸油和鲸须做成美味佳肴或贩售到法国各地。这种捕鲸方法一直被沿用了数百年，到 15—16 世纪在比斯开湾附近已不见了鲸群。

原始捕鲸场面

17 世纪初荷兰人逐渐取代了巴斯克人，在斯比次卑尔根群岛的海岸建立了捕鲸站，开始猎捕格陵兰岛附近的鲸。由于大量的捕杀，鲸群便向西迁移至加拿大东北海岸靠近拉不拉多半岛的海域活动。荷兰人的捕鲸活动便开始衰落。至17世纪末18世纪初期,在北美东北部海岸的新英格兰地区,英格兰与苏格兰的捕鲸活动开始繁荣、昌盛。

到目前为止,日本和挪威仍在进行大量的捕鲸活动。

145. 为什么世界对商业捕鲸说"不"?

自古以来鲸就是人类捕杀的对象,但过去由于捕猎的手段落后,猎取量较小,尚不足以影响鲸的数量。到了近代,人们改用舰船和火炮猎捕鲸类,杀伤力大大增强,使鲸的数量锐减,很多种类濒临灭绝。

日本捕鲸者在屠宰鲸

现在,人们逐渐意识到有必要对鲸类资源进行保护。联合国于1986年通过了《全球禁止捕鲸公约》,严格禁止商业捕鲸。但长期以来,日本、挪威、冰岛等国家以"科学考察"的名义持续捕杀鲸类,每年至少有1200头鲸被捕杀。其中，日本是世界上最大的捕鲸、食鲸国。自1986年以来，日本利用《全球禁止捕鲸公约》中允许以科学研究为目的捕鲸的条款，已经捕杀了约12000头鲸。

2004年7月19—22日，在第56届国际捕鲸委员会大会上，来自56个国家和140个环境保护组织的代表围绕是否废除商业捕鲸禁令进行讨论，最终经投票表决该禁令依然有效。然而，就在大会开幕的当天，日本政府仍然宣布该国当年的捕鲸量将增加120头，从而使其捕鲸总量从目前的260头增加到380头。日本的商业捕鲸活动受到国际上很多国家的谴责，国际爱护动物基金会、世界自然基金会、绿色和平组织等团体公开质疑日本的所谓"科学捕鲸"活动。

146. 为什么温带地区是海洋渔业的重要渔场？

浮游生物是鱼类的饵料，海洋渔业资源丰富与否主要取决于饵料是否丰富，而饵料是否丰富与海水中营养盐多少有直接的关系。

温带海区具有丰富的营养盐类。这些营养盐来源于：第一，在温带海区，阳光集中，生物光合作用强，入海河流带来丰富的营养盐类；第二，温带地区季节变化显著，冬季表层海水和底部海水发生交换时，上泛的底部海水也含有大量的营养盐；第三，发源于两极的寒流与发源于赤道的暖流在温带地区交汇，也会引起海水产生巨大的垂直运动，带动海底的沉积物上翻。温带地区这些丰富的营养盐为浮游生物提供了丰富的养分，促使浮游生物的大量繁殖生长，进而为鱼类提供了充足的饵料。

因此,世界主要渔业国大都分布在温带地区,中国和日本都是世界上海洋渔获量较多的国家。

147. 世界上有几大渔场?

海洋渔业资源主要集中在沿海大陆架海域,也就是从海岸延伸到水下大约200米深的大陆海底部分。从洋流对渔场影响的角度讲,世界上有四大渔场,它们是:北海道渔场、纽芬兰渔场、北海渔场和秘鲁渔场。

北海道渔场是世界第一大渔场,位于北海道附近的海域,是由日本暖流与千岛寒流交汇形成的。该渔场的主要产鱼类型有:鲑鱼、狭鳕、太平洋鲱鱼、远东拟沙丁鱼、秋刀鱼。

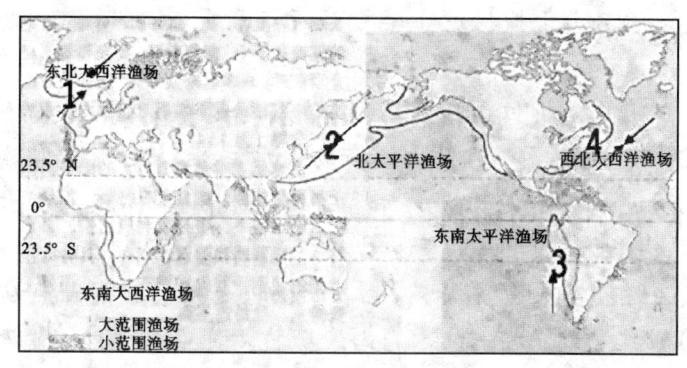

世界四大渔场

纽芬兰渔场位于加拿大境内,大西洋上的纽芬兰岛附近海域,是由墨西哥湾暖流与拉布拉多寒流交汇形成的。该渔场的主要产鱼类型是鳕鱼。

北海渔场位于大不列颠岛、斯堪的纳维亚半岛、日德兰半岛和荷比低地之间,是由北大西洋暖流与东格陵兰寒流交汇形成的。该渔场的主要产鱼类型有：鳕鱼、鲱鱼、毛鳞鱼。

秘鲁渔场位于秘鲁沿岸海域，是由秘鲁沿岸的上升补偿流形成的。该渔场主要盛产秘鲁鳀鱼。

148. 我国有几大渔场？

我国有四大渔场，它们分别是：渤海渔场、舟山渔场、北部湾渔场、南海近海渔场。

渤海渔场位于我国的渤海湾，有辽东湾、渤海湾和莱州湾三个大海湾，有辽河、滦河、海河和黄河流入。常见的鱼类有70多种，加上虾、蟹、贝、藻类，共计170多种。主要的水产品有小黄鱼、带鱼、鲫鱼、对虾、毛虾及海蟹等。渤海由于捕捞过于集中且污染严重，渔业资源已经日渐衰退。

舟山渔场位于我国的浙江省，是我国最大的近海渔场。有长江、钱塘江两大江河的淡水注入，东边有黑潮暖流通过，北侧有苏北沿岸水和黄海冷水团南伸，南面有台湾暖流北进。丰富的营养盐类使舟山渔场及其附近海域成为适宜多种鱼类繁殖、生长、索饵、越冬的栖息地。从20世纪始到70年代末，舟山渔场的大黄鱼、小黄鱼、带鱼和乌贼被称为"四大鱼产"。但是，自20世纪80年代以来，小黄鱼、大黄鱼、乌贼、海蜇已形不成渔汛，带鱼汛也已经不明显，产量也不高。

北部湾渔场北濒广西沿岸，东临雷州半岛，西邻越南，南接北部湾中南部海域。有九州江、南流江、钦江、北仑河和红河等江河注入，繁殖生长了大量的浮游生物，是许多经济鱼类的良好栖息场所。北部湾渔场盛产的鱼类种类比较繁多,主要有青鳞鱼、蓝圆鲹、沙丁鱼、长鳍银鲈、蛇鲻、红鳍笛鲷、断斑石鲈和海鳗等。

南海近海渔场包括闽南、粤东、珠江口和北部湾等水域。这里是我国海洋水产的第二大产区,盛产上层鱼类,是水产丰富的热带渔场。经济价值较高的鱼种有兰园参、沙丁鱼、海蛇等,还盛产金枪鱼、鲨鱼等大洋性鱼类,海龟、海参、玳瑁等是南海的特产。

149. 为什么明朝没有出海捕鱼的渔民?

在我国明朝为什么没有出海捕鱼的渔民呢?这是因为在明朝,日本以及很多倭寇都是从海上发起进攻的。明朝政府为了打击海上的反动势力,在明朝建立之初就实行了海禁政策,下令"寸板不许下海",也就是说即使是很小的木板也不能下海,更不要提渔船了。

为了防止海民与海外诸国私通,明朝政府下令撤销福建泉州、浙江明州、广东广州三市负责海外贸易的舶司(自唐朝起就存在的部门),完全断绝中国与海外的贸易往来。明朝法律还规定了严酷的刑罚,"凡擅自造三桅以上的大船携带违禁货物前往海外诸国进行买卖者,主犯斩首示众,全家发配边疆",甚至连造船以及卖船的人也不放过,"主犯斩首,从犯发配边疆"。

明朝如此严厉的海禁政策,使得民众不敢从事一切海上活动,更不敢出海打鱼,严重限制了明朝渔业的发展。

150. 我国的海岛经济是如何发展起来的？

我国早期的海岛都是没有人居住的荒岛。渔民乘船出海捕鱼的时候发现了那些离海岸很近的海岛，便把此地作为临时休息、修补渔船和渔具的地方。如果该岛比较大，又有淡水，人们就可能在岛上定居下来，渔汛来的时候出海捕鱼，平时则从事农业、畜牧业或盐业生产。我国沿海地区的许多海岛就是由于渔民从事海上捕捞才开发出来的。早期移民开发的海岛大多为面积大、资源较丰富、位置较好的海岛。

美丽的海岛

我国南海的很多岛屿都是由渔民开发出来的，明代就有渔民在南海诸岛修屋造田、从事渔业捕捞的记载。南沙群岛中最大的岛屿——太平岛上到处有我国渔民居住和活动的印迹，如房屋、神庙、坟墓和水井等，这说明我国很早就有渔民在南沙诸岛附近打鱼，进而定居下来，这些事实也从另一方面说明越南、菲律宾等国家声称我国南海诸岛的部分岛屿属于它们是没有根据的。

151. 明朝的海禁为什么没能禁止海岛的开发？

尽管明朝实行了海禁政策，但仍然没能禁止住一些重要海岛的开发。这是因为明朝严厉的海禁政策使大量渔民和海商的生活日益艰难，海禁政策不仅没有起到实质性的效果，反而引起了沿海渔民及商贩的强烈不满。到明朝中期，我国沿海地区社会动荡，明政府的社会控制力下降，很多民间商贩开始暗地进行海上走私贸易。

为了牟取暴利和与政府力量抗衡，很多海上走私贸易者拥有海盗与海商两重身份：既从事海上贸易，又从事海上抢劫活动。由于航海通商贸易港口都被严查，海商只好将货物集散地、交易场所、仓储、补给基地等转移到沿海岛屿或偏僻港湾，有些海商就直接定居于岛上。因此，很多朝廷难以驾驭的海岛就成为海商们的贸易据点和海盗的盘踞之处。

那时，海盗与海岛居民共同开发岛屿，开荒种田，捕鱼晒盐，使海岛经济成为中国南方沿海海洋经济的重要组成部分，对明末清初东南沿海地区社会经济的转型起到了一定的催化作用。

152. 人工鱼礁对渔业经济有什么作用？

现代的人们将废弃的建筑物块、石块、混凝土块、报废船只等，选择在近海的合适区域堆砌在一起，为海洋生物提供一个适合居住的"家"，这就是所谓的人工鱼礁。在人类对海洋生物资源缺乏节制开发利用的情况下，建设人工鱼礁是恢复资源的最佳途径,如果给予适当的监督保护,可以使资源得到最大限度的恢复。

人工鱼礁

大家是否知道现在菜市场上所售的海产品大多为养殖品种?养殖的水产品体内不仅有药物残留的隐患,而且质量也大打折扣,失去了野生品种的真正美味,而且人工养殖的品种单一。因此,要想促使产品质量和数量的恢复,利用建人工鱼礁的方式无疑是不可替代。

据美国夏威夷海洋工程研究所的调查研究,每立方米人工鱼礁每年至少可增加5.8千克左右的鱼类资源生长量,其中可供鱼获增长量2.8千克~3.2千克,这种可持续增长至少可延续30年以上。美国比较重视人工鱼礁的建造,他们在2006年甚至把一艘退役的航空母舰沉入海底作了人工鱼礁。

153. 拖网对渔业经济发展的害处有多大？

从技术发展的角度来讲，拖网船的出现大大增加了海洋捕捞的渔获量，也促进了渔业经济的快速增长。一般世界性渔场的大部分鱼都是被拖网船捕走的，而大吨位的拖网船一般都装备了尖端的寻鱼技术和大型网具，它们甚至能将成群的金枪鱼一网打尽。日本的一种新型超级拖网船每年能捕20000吨金枪鱼，价值相当于1.5亿元人民币。

在作业的拖网船

从改变环境的角度来讲，拖网船对海洋生态环境产生的影响是毁灭性的。拖网船在深海拖网捕鱼作业时下面的渔网每一张都可能重达10吨，拖网所拖过之处都留下了深深的沟痕，这片海域甚至几个世纪都难以恢复原貌。如果不禁止使用拖网,我们的海洋迟早会变成有水的沙漠。

154. 世界渔业的发展是否一成不变?

应该说,世界渔业的发展在早期很长一段时间里是一成不变的,一直是以海洋捕捞业为主。现在,实际范围内人们已经高度重视如何保护和管理海洋渔业资源,世界渔业的发展也因此发生了重大转变。

(1)海洋捕捞业由传统开放型转向养护管理型。以前每个沿海国家都有200海里的自由捕鱼区域,它们在这个区域内大量捕捞鱼类,致使某些鱼类数量已经很少。现在各沿海国都开始加强保护和管理近海的渔业资源,捕捞渔船越来越多地向公海转移。今天,联合国又进一步加强了公海跨界和洄游鱼类的养护和管理,公海自由捕鱼的时代也结束了。

(2)捕捞的对象也由传统经济品种转向有开发利用潜力的品种。对传统的鱼类品种转为以养护管理为主,开始开发头足类和中上层鱼类品种。

(3)普遍重视沿海和内陆水域的养殖、增殖业。海洋捕捞的地位在下降,人们开始研究如何进行鱼类养殖,对某些品种的鱼类进行增殖。

(4)渔业管理由区域性转向全球性。以前都是各个国家管理自己海域,现在联合国已经开展了全球性的渔业管理,对全球的渔业秩序进行了规范。

155. 我国沿海渔港知多少?

渔港是专供渔船和渔业辅助船停泊、使用的港口,可为渔船提供油、水、冰等物资,通常被称为海洋渔船之家。

你知道我国沿海的渔港有多少吗?据2002年我国全国沿海渔港普查结果显示,我国的沿海渔港共有1484个,其中一级渔港82个,二级渔港148个,三级渔港81个,未评级的渔港(含自然港湾)有1173个。全国渔港水域总面积为18亿平方米,可容纳50吨及以下船舶61万艘,50吨以上船舶22万艘。

舟山沈家门渔港

在全国普查中还发现,我国在沿海渔港的管理方面仍存在一些问题。现在经农业部确认公布的沿海渔港只有1021个,77%的渔港还没有设立渔港监督机构,只有181个渔港制定了港章。此外,还存在渔港安全设施建设投入严重不足、渔港环境污染严重等问题,需要渔业管理部门采取有力措施加强对沿海渔港的管理。

156. 港口在城市经济发展中有多重要?

拥有大型的国际化港口是许多国际化城市的重要标

志,当今世界的30个全球城市中有28个是以港兴市发展起来的。

港口在城市经济的发展中发挥着巨大的作用,它是贸易运输的关键节点。港口业带动国际贸易的发展,进而带动投资的扩大和临港区域产业群的形成。港口业、国际贸易、临港区域产业群的发展将扩大对金融服务业的需求,推动城市经济、城市国际化的发展。特别是随着经济全球化的发展,港口的功能也由最初单纯的货物装卸和集散功能扩大到了装卸、工业、商业、物流、信息五大功能。对所在城市发展成为物流中心、金融中心、贸易中心、信息中心等产生着极其重要的影响,在世界经济或区域经济发展中的地位和作用也日益明显。

157. 为什么说海洋交通运输业是经济发展的推进器?

海洋交通运输简称"海运",是指使用船舶通过海上航道运送货物和旅客的一种运输方式。它是国家整个交通运输大动脉的重要组成部分,是国际物流中最主要的运输方式,是国民经济发展的推进器。

(1)海洋交通运输是国际贸易运输的主要方式。国际海洋货物运输虽然存在速度较低、风险较大的不足,但由于它有通过能力大、运量大、运费低等长处,因而成为国际贸易中主要的运输方式。海洋交通运输占全球贸易总运量的三分之二以上,我国进出口货运总量的约90%都是通过海上运输的。

(2)海洋交通运输是国家增加外汇收入的渠道之一。海洋交通运输的费用比较大,约占外贸进出口总额的

10%左右。如果在外贸运输中使用我国的船只,将为我国创造可观的外汇收入。

集装箱船

(3)发展海洋交通运输业有利于改善国家的产业结构。海洋交通运输业离不开航海活动,航海活动的基础是造船业、航海技术和技术性海员。而造船工业可以带动钢铁、船舶设备、电子仪器仪表等工业的发展,促进国家产业结构的改善。

158. 世界海运市场发展前景如何?

我们知道,国际贸易总运量中的三分之二以上都是通过海运实现的。可以说,世界经济及贸易的发展为海运业提供了发展环境,海运业反过来又为国际贸易的发展提供了重要保障,两者相辅相成。因此,世界经济及贸易的发展状况直接关系到世界海运市场的发展前景。世界经济发展的增长速度加快,则海运市场发展的增长速度也会相应加快;世界经济发展的增长速度减慢,则海运市场发展的增长速度也会随之减慢。例如，2007年世界海运市场大部分表现出景气状态，2008年随着美国金融危机在全球蔓延，世界海运市场则表现出疲软状态。

大型集装箱船

很多海运公司为了扩大发展，不断增加船舶运力，当经济危机来临时，世界运力需求量降低，则会出现运力过剩的现象。所以说，未来的海运市场发展将会面临更多的考验。

159. 我国是否是海运大国？

自改革开放以来，经过30多年的持续快速发展，我国已经发展成为世界海运大国，有力地促进了我国沿海产业带的形成和发展，加速了港口城市和区域经济的崛起。

我国的港口发展迅猛。至2008年，我国已拥有亿吨大港16个，港口生产性泊位31000个，是1949年的193倍，万吨级以上深水泊位从没有发展到1416个。

海洋经济

现代海运集装箱码头

我国大陆的港口吞吐量和集装箱吞吐量已连续6年位居世界第一。新中国成立初期，我国的港口装卸主要依靠人挑肩扛，全国港口货物吞吐量仅有1000万吨，现在我国的港口货物吞吐量已达到70亿吨。已有7个大陆港口进入世界港口货物吞吐量排名的前10位，上海港也成为世界第一大港。

我国的海运船队运力已跃居世界第4位。拥有轮驳船18.4万艘，共1.24亿载重吨，分别为1949年的41倍和310倍。运输船舶基本实现大型化、专业化，全面淘汰了帆船、挂桨机船和水泥船。

160. 经济危机从哪些方面抑制海运业的发展？

2008年，由美国次贷危机引发的全球性金融危机，是世界百年不遇的，几乎所有国家无一幸免。那么，它对海运业的发展会有什么样的抑制作用呢？

(1) 全球贸易量下降。由于全球的消费需求下降,导致产品积压和原材料需求减少,全球贸易货量随之减少,因而海运需求一落千丈。经济危机时期,经常会有港口的运输船只装半舱货就出航。

(2) 海运价格下跌。经济危机期间,海运市场出现供过于求的场面,导致海运公司之间相互压价,使得海运价格下跌。

(3) 融资困难。严重的经济危机会使信贷市场降至冰点,支撑海运业的融资渠道面临困难,很多规模小的海运公司由于无法保证船舶及公司日常运营的资金,进而面临破产的危险。

另一方面,经济危机也为海运业的升级发展提供了机遇。经济危机将加快海运企业的优胜劣汰,加速海运船舶向大型化、专业化方向发展。海运企业可通过积极扩大与资本、金融、保险等行业的合作,提高自身的发展能力。经济危机也使目前的船舶、钢材的价格都大幅下降,为海运企业实现低成本扩张创造了条件。

161. 美国金融危机对我国海运业的影响有多重?

2008年,美国发生了金融危机,我国的海运业在国泰民安的稳定局势下会受到影响吗?在美国金融危机面前,几乎全球每个行业都面临着威胁,其中海运业受到的挫折更大。全球经济的一体化使世界海运市场与美国的金融市场高度相关,美国高度发达的经济水平导致美国的金融危机严重影响世界经济的发展,世界海运市场处于世界经济的末端,这种影响又以1∶10的比例传导到海运经济中。也就是说,世界经济的增长速度每降低一成,世界海运市场的增长速度将降低十成。我国是海运大国,根据2006年的统计,我国的海运业世界排名第四,受到美国金融危机的影响是必然的,主要体现在运价下跌上。运价的下跌有可能导致海运企业面临倒闭、退船等危机,也可能出现合并兼并、企业再造和重组的机会。

162. 邮轮和游轮有什么区别?

广义上所说的邮轮是指航行于大洋的班轮、邮船,是邮政部门专用的运输邮件的交通工具之一,并且同时运送旅客,一般的邮轮均带有游览功能。

邮轮通过加拿大维多利亚狮门大桥

邮轮在国外已经有100多年历史,众所周知的"泰坦尼克"号就属于这种邮轮。19世纪初,由于航空业还不发达,一些人会选择登上邮轮漂洋过海。邮轮最重要的功能是运载邮件和移民。当航空业日益成熟时,有钱而又悠闲的贵族们已经喜欢上了邮轮这种快速的旅行方式,同样移民也喜欢选择这种快速、经济、舒适的方式来横渡大洋。随着航空业的出现和发展,原来跨洋邮轮的邮政功能逐渐退出了历史舞台。

现在所说的邮轮是指在海洋中航行的旅游客轮,所以也叫"游轮"。现代邮轮和原意邮轮有根本的区别。首先,两者的船体有大小之别;其次两者用途的定位也不同。原来邮轮的定位是把旅客运送到大洋彼岸,其生活娱乐设施是为了给旅客提供舒适行程和解闷;现代邮轮本身就是旅游目的地,其生活娱乐设施是海上旅游中一个重要组成部分,靠岸是为了观光或完成海上旅游行程,并形成了一种新兴产业——邮轮业。

163. 世界邮轮业的国际竞争格局如何?

邮轮旅游是国际旅游市场上增长速度最快、发展潜力最大的高端旅游市场,近年来平均每年以8%的速度增长,是旅游增长速度的两倍。那么,它面临的国际竞争格局是怎样的呢?

(1)美国是全球邮轮经济的最大受惠者。在美国,邮轮业的产业关联到国民经济中几乎每一个行业。根据世界邮轮协会2006年的报告,北美邮轮业除工资支出以外,近70%的支出最终都支付给美国本土企业。

(2)欧洲几乎垄断邮轮制造业。亚洲国家凭借劳动力成本优势大造低附加值的船舶,而欧洲造船业则把目光放在高附加值和高售价的船舶上,现在欧洲成为全球最有实力的邮轮设计和生产者。为了保持这一战略领先地位,欧洲造船厂协会每年将营业额的 10%(约 1000 亿欧元)用于研究、开发和创新。

(3)邮轮业的重点转向亚洲。亚洲的邮轮业规模还很小,亚洲市场在全球邮轮市场中所占份额仅有 5%。但随着传统的欧美邮轮旅游市场日趋饱和,亚洲的邮轮市场在不断成长,嘉年华、皇家加勒比、丽星等世界各大邮轮公司都在积极开拓中国市场。

164. 世界邮轮业发展趋势如何?

世界邮轮业的发展趋势表现在两个方面,一方面是邮轮的变化,另一方面是消费者的变化。

邮轮的变化体现在三个方面:一是游客感到游船旅游更加豪华舒适。新造的远洋邮轮多按豪华级饭店标准进行装修,如"玛丽女王二世"号游船拥有可容纳千人的剧院、舞厅、天文馆、健身房等设施,并配备了宠物旅社、游泳池、虚拟高尔夫球场以及多个酒吧和餐厅。二是大型游船不断涌现。美国皇家加勒比海国际游船公司曾经宣布,将建造一艘世界上最大最昂贵的超级游船,船长 354 米,高 72 米,能够容纳 6400 名乘客。三是邮轮公司逐渐实行联营化。许多邮轮公司开办飞机—游船、铁路—游船、汽车—游船等多种方式的联运业务,这样所有旅游者在上下游船当天就能够免费享受机场接送服务。

消费者的变化体现在两个方面:一是主题旅游成为游船公司的热销产品。游船上经常举办丰富多彩的活动,有专门为儿童准备的游戏活动,为年轻人准备的舞会,为成年人提供享受水疗和室内运动项目或专题讨论会等专题活动。二是家庭旅游产品成为新卖点。很多家庭利用家庭纪念日举家出游,在豪华游船上,全家人可以一起欣赏一望无际的大海,观赏海上日出,共同拥有与大海深切接触的经历。

165. 我国邮轮经济的前景看好吗?

邮轮业在北美地区经过了40多年的发展和完善,现在已经演变成为一个庞大、成熟的产业。而我国的邮轮产业从1976年开始经过了30多年的发展,现在仍然处于起步阶段。尽管我国的邮轮经济发展缓慢,但前景看好,这是因为以下原因:

航行中的邮轮

(1)外国邮轮公司看好我国市场。传统的国际邮轮旅游业在欧美市场已经逐渐达到饱和。我国人口众多,经济发展稳步增长,人们的消费水平提高,已经具备了发展邮轮经济的条件。因此,我国成为世界上邮轮经济的新兴市场。

(2) 我国具备发展邮轮经济的硬件设施。我国许多沿海港口城市纷纷加快邮轮码头和基础设施建设,积极为邮轮经济的发展创造条件和环境。已建成了上海国际客运中心、厦门国际客运中心、三亚凤凰岛国际客运中心3个设施较为齐全的邮轮港口。此外,天津港邮轮码头已开工建设,大连国际邮轮码头进入设计阶段,深圳也在规划建设华南最大的国际邮轮港。青岛、珠海、宁波等城市已经在制订建造邮轮客运中心的规划。

(3) 我国的旅游优势将促进邮轮经济的发展。国际旅游组织预测,到2020年中国将成为旅游目的地大国。在我国邮轮市场日益成熟的基础上,快速增长的旅游业将带动邮轮经济的发展。

166. 发展邮轮业对我国经济有哪些贡献?

邮轮业的发展会给有关的港口、城市和国家带来巨大的经济回报,特别是邮轮母港对当地和国家的经济有着巨大的拉动作用。邮轮业的发展对国家经济的贡献分为直接经济效应和间接经济效应。

直接经济效应是邮轮公司及其乘客和船员在港口城市和周边地区购买产品和服务所带来的消费。登轮旅客在上船当天会在当地产生交通费和购买食品的花费,邮轮靠港时旅客和船员在该港口城市也会产生消费。

间接经济效应是这些提供产品和服务的企业为了开展经营活动必须购买其他企业所生产的产品和服务。这些产品和服务涉及专业的科技服务、食品和饮料、保险、房地产和租赁、批发贸易、石油炼制、船舶维护维修、计算机和电子设备、金属制成品、工业机械、艺术、招待服务和娱乐等行业。

实际上,在邮轮挂靠的港口城市,其经济的每个部分都会受邮轮经济的拉动而增加收入,这些收入可以成为强劲的经济发动机,可以极大地促进现代服务业的建立和发展。

167. 我国是世界造船大国,也是强国吗?

我国的造船工业经过30多年的发展,参与国际竞争的基础与实力不断强大,我国已经成为世界造船大国之一,在世界上形成了中、日、韩三足鼎立的局面。现在,中国船舶工业已占领了世界主流船舶市场。

在散货船、油船、集装箱船三大主流船型市场中,散货船订单超过日本,位列世界第一。油船、集装箱船仅次于韩国,位列世界第二。根据英国克拉克松研究公司对世界造船总量的统计,我国承接的新船订单于2005年首次超过日本,位居世界第二;于2007年超过韩国,居全球第一;这说明我国已跃入世界造船的第一方阵。

从造船产量上来看,我国是造船大国,但并不是造船强国。我国建造的船型主要集中在附加值较低的船型上,高附加值船型的世界占有率还比较低。如在液化天然气船等高附加值船舶市场上,韩国拥有绝对优势,我国还缺乏相应的设计、技术和生产能力,直至2007年我国才试航了自己建造的首艘液化天然气船。由于高附加值船舶对于造船设计水平、生产周期、质量控制等有较高要

海洋经济

求,日、韩两国生产高附加值船型的信誉好。因此,预计短时间内,中国造船企业还无法赶超。我们不得不承认目前韩国、日本仍然是世界造船强国。

168. 我国海洋船舶工业有怎样的发展历史?

我国的造船业有着悠久的历史,早在3000多年前就有了木板船,到汉代已广泛使用木帆船。明代我国建造的船舶已经可以远航,航海家郑和曾率领由60多艘大海船和许多辅助船组成的船队7次远下"西洋"。

我国近代船舶工业始于19世纪中期。1865年,安庆内军械所利用蒸汽机和锅炉工作原理,制成了我国第一艘蒸汽轮船"黄鹄"号。同年,在上海创办了江南机器制造总局。1866年,在马尾设立了福州船政局。

造船厂

新中国成立后,国家有计划、有重点地改建、扩建了江南、大连、沪东、上海、武昌、新港等第一批老的骨干船厂和地方中小船厂,同时新建了渤海、广州等骨干船厂和众多的地方船厂。在全国形成了上海、大连、天津、广州、武汉、重庆等船舶修造基地。

21世纪以来,中国船舶工业发展迅速,三大造船指标(造船完工量、新承接船舶订单、手持船舶订单)大幅增长,已经跻身世界第三造船大国行列。

169. 我国为什么要建大型造船基地?

2006年,我国通过了《船舶工业中长期发展规划》,提出"十一五"期间,我国将重点建设环渤海湾、长江口、珠江口区域3个现代化大型造船基地。现在,我国正在长江入海口的长兴岛上建造我国最大的造船基地,这也将是世界上最大的造船基地。上海市一次性在长兴岛就划

长兴岛造船基地

出 8 千米岸线用于发展造船,这在我国的造船史上是没有的,在世界造船史上也很罕见。

为什么要鼓励建造大型造船基地,而不是中小型船厂呢?主要原因是近些年来全球造船市场的持续兴旺,全国各地有条件和没条件的地区都在争先恐后地开展造船项目,在沿海形成了很多只能制造低附加值船舶的中小型船厂。这些中小型船厂产生的是粗放型经济效益,不仅占用了很多自然岸线,而且占用的自然环境一经破坏就再也不能恢复。遏止中小型船厂的发展态势,鼓励大型造船基地的建设,利用世界先进技术高标准地进行规划建设,使大型造船基地在中国成为世界第一造船大国的进程中发挥骨干作用就显得十分重要。

170. 我国大型船用曲轴的诞生对造船业有何意义?

大型船用曲轴是船用柴油机的核心部件,制造工艺复杂,性能要求苛刻,一经安装就无法修理更换,所以,一根曲轴的寿命就相当于整条船的寿命。2007 年以前,虽然我国的造船规模已进入世界前三名,但大型船用曲轴一直依赖进口。世界上只有日本、韩国、捷克、西班牙等少数几个国家具备制造大型船用半组合式曲轴的能力,它们高度垄断着国际上大型船用曲轴市场,制约着我国船舶工业的发展。

为了解决这一"瓶颈"问题,我国通过自主研发和科研攻关,2005 年 1 月,第一根国产船用大功率低速柴油机半组合曲轴在上海船用曲轴有限公司顺利下线。但中国第一根曲轴的下线,还不能缓解中国曲轴供应紧张的压

大型曲轴加工车间

力。2007年12月,我国研制成功的第一根50吨级大型船用曲轴在大连华锐船用曲轴有限公司正式下线。它长6.7米,重41吨,精加工要求很高,在旋转时的振动幅度不能大于人头发丝的五分之一。我国大型船用曲轴的诞生不仅标志着我国掌握了大型船用曲轴的制造工艺,填补了国内空白,更重要的是打破了少数国家垄断大型船用曲轴的局面,缓解了我国造船工业"船等机、机等轴"的瓶颈制约局面。

171. 拖轮对海港、航运业有什么作用?

事实上,在大海里航行的船舶不像马路上行驶的汽车那样可以随时"刹车",而且大型船舶的发动机功率很大,一旦发动,向前的推动力是很惊人的。那么,大型船舶到了海港里岂不是难免会出现"交通事故"?

还好,海港里有拖轮可以帮忙。在海港里,很多大船不能自主前进或掉头,需要熄灭发动机,由拖轮牵引或拖拉。拖轮在海港里的主营业务就是协助进出港的船舶靠

小小拖轮力无穷

离码头及移泊,它主要在航运过程的起始和终止阶段发挥作用。此外,拖轮还担负着抢险救生、拖浅、无主机船舶拖带、引航作业等重任。

172. 为什么集装箱船发展迅速?

集装箱最早是用于陆上运输,因为它容量大,装卸方便,很快便应用到海上运输,成为船运的一种有效形式。1957年,美国用一艘货船改装成世界上第一艘集装箱船后,人们发现它的装卸效率比常规杂货船大10倍,从此开始大量采用集装箱船进行海上运输。到70年代,集装箱船已经成熟并定型了。

集装箱船是完全不同于传统船型的一种新型船。它没有内部甲板,机舱设在船尾,船体就是一座庞大的仓

行驶中的集装箱船

库,可长达300多米,再用垂直导轨分为小舱。当集装箱下舱时,这些垂直导轨起着定位作用,船在海上遇到恶劣天气时,它们又可以牢牢地固定住集装箱。因为集装箱都是金属制成,而且是密封的,里面的货物不会受雨水或海水的侵蚀。集装箱船在运输过程中大多采用高航速,一般停靠专用的货运码头,用码头上专门的大型吊车装卸,其效率可以达到每小时1000吨~2400吨,比普通杂货船高30倍~70倍。由此可见,集装箱船具有容量大、运输安全、货物无损、运输和装卸速度快等特点,因此,它为现代船运业普遍采用。

173. 海水制盐的历史有多久?

人类用海水制盐至今约有5000多年的历史了。食盐是人类最早从海水中提取的化学物质。在古埃及(公元前2850年~前2550年)的金字塔文学中就出现了有关盐的文字记载,据说,当时这种盐也是用蒸发海水的办法取得的。

海洋经济

古人制盐

在我国,早在公元前 4000 多年前,炎帝时夙沙氏就教民众煮海水取盐。在仰韶文化时期(公元前 5000 年～前 3000 年),福建沿海的人民制成了熬盐的工具。到了春秋战国,位于山东的齐国专设盐官煮盐,并把"渔盐之利"作为富国之本。汉代盐铁已成为"佐百姓之急,足军旅之资"。在明朝永乐年间,制盐技术又有了新的发展,开始废锅灶,建盐田,改煎、煮、熬盐为晒盐,并一直沿用至今。

174. 为什么说浩瀚海洋皆矿液?

海水中溶解了大量的气体物质和各种盐类。人类在陆地上发现的 100 多种元素,在海水中可以找到 80 多种。

海水中含量最多的是氯化钠,也就是我们平时所吃的食盐。人们用海盐做原料可以生产出上万种不同用途的产品,例如烧碱、氯气、氢气和金属钠等,凡是涉及氯和钠的产品几乎都离不开海盐。

海洋中还贮存着多种其他元素。海水中镁的含量仅次于氯和钠,主要以氯化镁和硫酸镁的形式存在,其提取工艺并不复杂,还可以采用电解的方式直接提取金属镁。海水中蕴藏着极其丰富的钾盐资源,但是由于钾的溶解性低,在1升海水中仅能提取380毫克钾。从海水中提取铀已经从基础研究转向开发应用研究,日本已建成年产10千克铀的中试工厂,一些沿海国家也计划建造百吨级或千吨级规模的海水提铀厂。全世界对锂的需求量正在增加,目前主要采用蒸发结晶法、沉淀法、溶剂萃取法及离子交换法从卤水中提取锂。当然,除了这些已形成工业规模生产的各种化学元素外,海水还无私地奉献给人类很多其他微量元素。

我们所见的每一滴海水里都含有很多种矿物元素,可以说浩瀚海洋皆矿液。

175. 为什么说海底是聚宝盆?

我们广阔的海底并不是一无所有,它蕴藏着巨量而珍贵的矿产资源。

在海岸带的滨海砂矿中人们可以提取金刚石、红宝石,金、铂等贵金属,以及航天和原子工业需要的特种金属原料。

在大陆架和大陆坡的沉积盆地里,蕴藏着丰富的石油和天然气。现在,人们已经探明的海底石油蕴藏量约

1350亿吨,几乎占世界可采石油量的一半。

在大洋中脊及板块离散边界附近,分布着多金属软泥,烟囱状、块状多金属热液硫化物矿床。它们的金属品位高且不断快速生长,富含有铜、锌、铅、金、银等贵金属,被称为"海底金银库"。

在4000米~5000米深的大洋盆地表面,像地毯一样铺着一层多金属结核(锰结核);在一些海底山表层也分布有一层平均数厘米厚的多金属结核。

近20年来,人们又在海底陆续发现了一种珍贵而奇特的天然气水合物。这些天然气水合物大多由甲烷气体分子和水分子在低温高压条件下结合而成,为冰晶状固体化合物,人们又称它为固态甲烷或"可燃冰"。"可燃冰"是一种新型的能够替代石油、天然气的海底矿产资源,当陆地和海底有限的石油、天然气逐步枯竭的时候,"可燃冰"将有可能发挥巨大的作用。

176. 为什么说多金属结核是铺在海底的"黑金毯"?

大洋多金属结核(锰结核)是一种铁、锰氧化物的集合体,颜色常为黑色或褐黑色,形状多样,有球状、椭圆状、马铃薯状、葡萄状、扁平状、炉渣状等。多金属结核的大小尺寸变化也比较悬殊,从几微米到几十厘米的都有,大的还有几十千克。当切开来看,里面像洋葱一样层层包裹,平铺在海底,如同铺路的卵石。但大洋多金属结核的价值却像金子一样远远超过卵石,又因为像地毯一样铺在海底,所以被称为"黑金毯"。

多金属结核中一半以上是氧化铁和氧化锰,还含有镍、铜、钴、钼等20多种元素。据初步调查，平均每平方米的海底约有60千克的多金属结核，多金属结核密集的地方每平方米有100多千克。据估计，全球大洋多金属结核的总储藏量约为30000亿吨，仅太平洋底的多金属结核中就含锰4000亿吨，镍164亿吨，铜88亿吨，钴58亿吨，其金属资源相当于陆地上总储量的几百倍甚至上千倍。如果按照目前世界金属消耗水平计算，铜可供应600年，镍可供应15000年，锰可供应24000年，钴可满足人类130000年的需要，这是一笔多么巨大的财富啊！更加令人鼓舞的是，这些神奇的资源增长很快，每年以1000万吨的速度在不断堆积，大洋多金属结核将成为一种人类取之不尽、用之不竭的"自生矿物"。

177. 海洋油气工业在发展海洋经济中的地位如何？

石油素有"工业的血液"之称，海洋油气工业具有技术密集、学科综合性强的特点，是一项融天空、陆地、海洋领域以及众多学科先进技术于一体的现代化支柱产业。可以毫不夸张地说，一个国家海洋油气的发展程度，标志着这个国家海洋开发的潜在实力和技术水平。海洋油气开发利用水平提高了，可以带动其他领域及相关产业的进一步发展。

石油和天然气是我国能源中的紧缺物资，国内、国际需求量都很大，具有广阔的发展前景。另外，海洋油气工业属于资金密集和技术密集的产业，它投入多，风险大，产出高，经济效益和社会效益都很可观。同时，海洋油气勘探开发对促进我国科学技术特别是海岸高新技术的发展具有重大的作用。海洋油气工业的发展不仅会使海洋产业得到进步,而且还将带动和促进诸如造船、平台建筑、打捞深潜、水下机器人、海底管道、水下通讯等技术的发展。随着人类征服海洋能力的进一步提高,海洋油气必将在世界经济中占有更加重要的地位。

178. 可燃冰能成为我国能源危机的拯救者吗?

2007年,我国科学家在南海成功获取可燃冰样品;2009年,我国又在青海省成功钻获可燃冰样品。经科学家估计,我国南海的可燃冰资源量相当于158亿吨石油的量,而青海省可燃冰的储量至少相当于350亿吨石油的量。实际上,2008年我国原油需求量为3.9亿吨,按此需求计算,我国这两处可燃冰如果完全开发,可供中国使用130年。

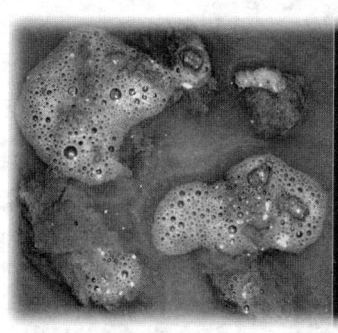

南海采出的可燃冰

燃烧的可燃冰

我国是发展中国家,目前正面临着经济快速发展造成的资源短缺问题,特别是能源严重短缺问题。尽管2007年我国的油气年产量已达1.87亿吨,然而国民经济的快速发展对油气工业提出了更高的要求,自1993年中国变为油气纯进口国后,这种需求与产出的差距正在逐步增大,能源正成为制约我国国民经济快速发展的瓶颈。

海底可燃冰的发现和开发将对解决我国的能源瓶颈问题具有重要意义。可燃冰分布广、规模大、勘查费用低,具有巨大的经济效益,它将成为21世纪替代石油、天然气的一种新型能源。为消除我国未来可能出现的"资源短缺型经济"局面,缓解能源供需矛盾,勘探、开发利用天然气水合物,进而建立海洋天然气水合物产业,是我国新世纪的重要战略选择。

179. 我国的石油供应是否安全?

随着我国国民经济的快速发展,对石油的需求量一直会居高不下,我国的石油安全在今后一个比较长的时期内将面临六大风险:

(1)石油价格风险。对石油资源的勘探开发将逐步向复杂和困难的地区延伸,石油成本逐渐增加,国际石油价格逐渐上升是必然的。

(2)进口依赖风险。我国对国外石油进口的依赖程度高,只要国际石油市场出现波动,必将对我国的石油供给和国民经济产生严重的影响和冲击。

(3)进口油源风险。一方面,目前全世界进入国际石油贸易的石油量供不应求,各国对石油资源的争夺激烈,我国将有可能面临即使有钱也买不到足够石油的危险;另一方面,我国的石油进口来源主要集中在中东和非洲,这两个地方都是国际政治经济局势动荡的地区,一旦发生局部冲突,就可能威胁我国的石油安全。

(4)进口通道风险。我国石油进口主要采用海上集中运输,经过霍尔木兹海峡和马六甲海峡,石油运输通道容易受战争、恐怖袭击和政治因素等影响而被切断。

(5)利用效率风险。我国每增加一定经济收入所消耗的石油是世界平均水平的3倍,石油的利用效率将成为威胁我国未来石油安全的一个重要因素。

(6)地缘政治风险。现在石油的背后往往是国与国之间的较量。随着我国石油依存程度的增加,国与国之间的政治风险也成为关系我国石油安全的一个重大问题。

180. 海洋能与传统能源的区别有哪些?

海洋是一个巨大的能源宝库,海洋通过各种物理过程接收、储存和散发巨大的能量。靠海水运动产生的能量包括波浪、潮汐、海流等动能,其他还有靠温度差、盐度差等存储的能量,这些能量的总和高达天文数字。海洋能是人类取之不尽、用之不竭的新型能源,它与传统能源的区别在于:

(1)海洋能在海洋总水体中的蕴藏量巨大,而单位体积、单位面积、单位长度所拥有的能量较小。这就是说,用海洋能烧开一壶热水所用的海水体积远远大于有同样能量的煤炭的体积。

(2)海洋能具有可再生性。海洋能来源于太阳辐射与天体间的万有引力,只要太阳、月球与地球存在着,这种能源就会不断产生。而传统能源是不可再生能源,人类用掉多少,地球上就减少多少,直至全部用完。

(3)海洋能有较稳定能源与不稳定能源之分。较稳定的有温差能、盐差能和海流能。不稳定的有潮汐能、潮流能和波浪能,其中波浪能的产生既不稳定又无规律。传统能源全部是稳定能源。

(4)海洋能属于清洁能源,它的开发对环境污染影响很小。而煤炭、石油等的开采通常会对环境造成很大影响。

181. 海洋能的利用包括哪些内容?

海洋能主要包括温差能、波浪能、潮汐能与潮流能、海流能、盐差能、海上风能、海洋生物能和海洋地热能8种。但人类还没有对所有的海洋能都进行利用,有些海洋能的利用仅处于研究阶段。今天,人类利用的海洋能主要有以下几种:

亚洲首个海上风电场——上海东海大桥风电场

(1)潮汐能。潮汐能的主要利用方式是发电。目前世界上最大的潮汐电站是法国的朗斯潮汐电站,我国最大的潮汐电站是江夏潮汐实验电站。

海洋经济

(2)海上风能。国外对海上风能的利用相对成熟,到2009年6月份,世界海上风电场的总装机容量已经达到150万千瓦。而我国的海上风电还处于起步阶段,目前建好的风电站只有两个,分别是中海油在渤海湾和上海在东海大桥的项目。

(3)温差能。海洋的表层水和深层水之间存在着很大的温度差,这是太阳辐射能储存在海洋中的一种形式,人类可以利用这一温差实现热力循环并发电。目前,美、印、日等国都建有海洋温差能发电站。我国在海洋温差发电的开发上还停留在实验室原理性验证阶段,还未建立试验电站。

182. 海上风能发电比陆上风能发电有哪些优势?

应该说,海上风能发电比陆上风能发电更有优势,主要体现在:

(1)海上风能储量大。我们通常在海边或海上感受到风力比内陆更强劲。据估计,近海可利用风能的总量大概相当于陆地可利用风能的3倍。

(2)海上的风力更加稳定。风力稳定意味着产出的电流、电压稳定,提高了电网电力的质量。

(3)建设海上风电场可大大节约土地。建造陆地风电场要占用大量的土地资源,而建造海上风电场则不用考虑土地问题。

(4)海上风电场可以减少线路耗电损失。一般沿海地区经济比内陆发达,海上风电场发出来的电可以就近供给附近的用电密集区,而无需架设更多的远距离输电线路,减少了线路上的电能损耗。

183. 潮汐能利用状况如何?

潮汐能作为一种可再生的洁净的自然能源,在国内外很早就引起了人们的关注。

在20世纪初,欧美一些国家就开始研究潮汐发电。1967年,法国在圣马洛湾郎斯河口建成了第一座具有商业实用价值的潮汐电站——朗斯潮汐电站。朗斯潮汐电站装机24万千瓦,到现在依然是世界上最大的潮汐电站。此后,世界上迎来了建潮汐电站的高潮。仅20世纪70年代的10年间,我国就建成了十几座潮汐电站,最大

法国朗斯电站

的两座是江厦潮汐试验电站和白沙口潮汐电站。其中,江厦潮汐试验电站的装机容量为3000千瓦,是当时世界第二大潮汐发电站。到目前为止,我国正在运行发电的

潮汐电站共有8座：浙江乐清湾的江厦潮汐试验电站、海山潮汐电站、沙山潮汐电站，山东乳山县的白沙口潮汐电站，浙江象山县岳浦潮汐电站，江苏太仓县浏河潮汐电站，广西钦州湾果子山潮汐电站，福建平潭县幸福洋潮汐电站。其中，江厦潮汐试验电站仍是我国规模最大、世界第三大的潮汐电站。

据海洋学家估算，世界上潮汐能发电的资源量在10亿千瓦以上，我国潮汐能的理论蕴藏量达到1.1亿千瓦。随着技术的不断进步，我国沿海将不断有更多、更大的潮汐电站建成。

184. 波浪能发电潜力有多大？

海水在不停地运动着，最明显的运动是汹涌的波涛，别小看这波浪，它可是大海里的"大力士"，一个巨浪就可以把13吨重的岩石抛出20米高。

韩国正在建设的世界最大规模波力发电站

据计算，一个波高5米、波长100米的海浪，在1米长的波峰片上就具有 3120 千瓦的能量,由此可以想象整个海洋波浪具有的能量该是多么惊人。据科学家们估计,全球海洋的波浪能有 700 亿千瓦,可供开发利用的为 20 亿~30 亿千瓦,如果用来发电,每年的发电量可达 9 万亿度。可惜的是,因为波浪能源分散,本身破坏力大,开发技术到现在为止还不成熟。

波浪能发电的基本原理是利用波浪的推动力推动空气流动,使空气涡轮机叶片旋转,从而带动发电机发电。我国对波浪能的研究比其他国家晚,始于 20 世纪 70 年代。1989 年,我国第一座波力电站在南海大万山岛建成,装机容量 3 千瓦;2000 年,我国建成了首座岸式波力发电工业示范电站,装机容量 100 千瓦,标志着我国海洋波力发电技术已达到实用化水平。虽然,我国的小型岸式波力发电技术已进入世界先进行列,但我国波浪能开发的规模远小于挪威和英国。

185. 盐差能发电什么时候能实现?

盐差能是指海水和淡水之间或两种含盐浓度不同的海水之间的化学电位差能。利用海洋渗透能发电的前景十分可观,据估计一个足球场大小的海洋渗透能发电区域可以为 15000 个家庭提供电力。如果全球范围内可建造盐差能发电站的地方都利用起来,年度发电量可以达到 16000 亿度。江河入海口是建立盐差能发电站最合适的地方,也是人口居住密度较大的区域,因此海洋盐差能发电可有效供给入海口附近的居民使用。

盐差能发电的原理很简单,不少读者在中学课本中都学过渗透原理,就是如果有两种盐溶液,一种溶液中盐的浓度高,一种溶液中盐的浓度低,那么把两种溶液放在一起并用一种渗透膜隔离后,会产生渗透压,水会从浓度低的溶液流向浓度高的溶液。在江河的入海口,淡水的水压比海水的水压高,如果在入海口放置一个涡轮发电机,淡水和海水之间的渗透压就可以推动涡轮机来发电。盐差能发电尽管原理简单,但操作起来却存在很大困难。

我国对海水盐差能发电研究一直处于基础研究阶段,那么用盐差能发电什么时候能实现呢?挪威一家公司给了我们答案。2008年,挪威国家能源集团决定投资1.3亿元,在布斯克吕德郡建设世界首个试验型海洋盐差能发电厂,一旦发电厂的电力正常入网,它将为挪威三分之一的家庭提供用电。虽然,目前该实验设备所获取的盐差能仅够点燃几只灯泡,但我们相信这一天的到来不会太遥远。

186. 我国的核电发展情况如何?

综观我国核电的发展情况,可以从已建核电站、在建核电站和筹建核电站三种情况来描述。

我国目前已建成的核电站有4个:广东深圳的大亚湾核电站和岭澳核电站,浙江省嘉兴的秦山核电站,江苏省连云港的田湾核电站。

我国目前在建的核电站有9个:福建的宁德、福清核电站,辽宁的红沿河核电站,广东的阳江、台山核电站,浙江的三门核电站,山东的海阳、石岛湾核电站,北京的中国实验快堆。

广东大亚湾核电站

我国正在筹建中的核电站有22个：湖南的桃花江、小墨山核电站，湖北的大畈核电站，江西的彭泽核电站，海南的昌江核电站，广东的陆丰、海丰、揭阳、韶关核电站，广西的红沙核电站，辽宁的徐大堡、东港核电站，重庆的涪陵核电站，四川的三坝核电站，浙江的龙游、苍南核电站，安徽的芜湖、吉阳核电站，河南的南阳核电站，吉林的靖宇核电站，福建的三明核电站，黑龙江的佳木斯核电站。

187. 我国是如何利用海水资源的？

我国主要从工业冷却水利用、海水淡化和海水制盐三个方面对海水资源进行开发利用。

我国沿海一些工厂企业把海水作为工业冷却水的历史已有60余年了。目前，我国作为工业冷却水的海水利用量占海水总利用量的90％。

海洋经济

　　我国的海水淡化起步比较晚,始于20世纪50年代末,但发展较快,现已具备开发万吨级大中型海水淡化装置的技术能力。国产的可日产1000吨和200吨级电渗析技术淡化装置中,其工艺设计、技术水平已接近国际先进水平。

　　我国的海水制盐业可谓历史悠久,地理、气候条件也得天独厚。我国的海盐产量在建国初仅为420万吨,2004年已达2319万吨,居世界首位。

　　此外,我国的海水提溴已经进入产业化阶段,海水提镁、铀、碘方面仅处于研发阶段,海水提锂和重水方面的研究开发则基本上还是一片空白。

188. 家庭能直接利用海水吗?

　　我国的淡水资源相对不足,人们正在思考如何在城市生活中更好地节约用水,首先考虑的是冲厕用水。据调查,我国的城市冲厕用水占生活用水的35%,而且这些冲厕水绝大部分是洁净水。专家们开始考虑,我国是海洋大国,可否用海水用来冲厕呢?

　　我国的香港是世界上唯一以海水为主要冲厕水的城市。香港自1958年起开始用海水冲厕,运行至今未出现过技术问题。目前整个城市已有超过76%的人口在利用海水冲厕,节省淡水效果十分明显。冲厕用水对水质的要求不高,只要稍微处理就可达到冲厕用水标准,直接进入千家万户,其成本低廉,仅相当于淡水的三分之一。近些年,我国大陆的部分沿海城市也在逐步探索海水冲厕的技术。2006年,青岛胶南市启动25万平方米的海水冲厕试点；2007年，青岛市海水冲厕工程扩大试点范围，在崂山区前海一线区域全面试行海水冲厕，整个工程将于2010年建设完工。这个大范围的试点一旦取得成功，青岛就将成为继香港之后全国乃至世界上第二个大规模使用海水冲厕的城市。

实施海水冲厕，对于许多严重缺水的沿海城市来说，意义非同一般。既可缓解城市淡水资源紧缺的矛盾，又将大大推动相关产业的发展，具有重要的社会效益和经济效益。

189. 为什么说海洋旅游业是朝阳产业？

朝阳产业是具有强大生命力、以技术的突破创新带动发展的产业。海洋旅游业的市场前景广阔，代表着旅游业未来发展的趋势，将成为21世纪的朝阳产业。

海洋旅游业的发展历史悠久，近年来发展速度加快。19世纪后半叶，西欧等一些工业革命发源地国开始在滨海地区为中产阶级修建度假地，同时专门服务于上流社会的豪华游轮也得到迅速发展。随着旅游交通技术和娱乐技术的进步，现代海洋旅游产业已经形成包括滨海旅游基础设施（旅游港口、交通等）、旅游服务（接待、餐饮、商住等）以及各种休闲和娱乐活动（不同形式的潜游、游泳、冲浪、垂钓和游船旅游等活动）的体系。自20世纪80年代开始，我国沿海城市纷纷利用海洋自然旅游资源，开发滨海旅游项目，发展海洋旅游产业。20世纪90年代以来，基于阳光、沙滩、海洋的大众旅游迅速兴起。同时，海岛旅游、潜水旅游的开发也备受关注。

以旅游产业为引擎,可以带动酒店、餐饮、购物、娱乐等全方位的发展,具有带动第三产业、联动第二产业、拉动第一产业的综合效应。加勒比海、地中海沿岸、澳大利亚、西班牙、泰国等都是因发展海洋旅游业而蜚声世界的国家和地区。

190. 我国的滨海旅游业可采用哪几种方式开发?

滨海旅游业正方兴未艾,纵观其开发的模式大体上有如下5类:

第一类是综合旅游开发模式。既有观光又有休闲、娱乐、水上运动,如三亚亚龙湾国家旅游度假区、北海银滩旅游区。

第二类是以观光旅游为主体的开发模式。如蓬莱阁旅游区、天涯海角风景区。

三亚海滨景色

第三类是以疗养度假旅游为主体的开发模式。如青岛海滨旅游区。

第四类是以体育训练、水上运动为主体的开发模式。如宁波松兰山海滨旅游度假区。

第五类是以科普探险为主体的旅游开发模式。如青岛海底世界、大连圣亚海洋世界。

191. 海岛旅游的魅力有哪些方面?

海岛旅游最大的魅力在于它能给旅游者以远离城市喧嚣和彻底回归自然的心理感受。

海岛作为一个独特的地貌单元,受地质、气候、海洋等多种因素影响而形成各种不同的景观,构成了一个独立的旅游景区。这些海岛景区又把自然景观与人文景观相结合,集海、滩、景于一体,加上海岛的一些神奇传说,以及航海和游览娱乐兼得,于是就构成了海岛旅游区独特的景色特征。

山东庙岛列岛

可以预见,随着海岛旅游开发的进行,海岛旅游会向深度旅游方向发展。充分发挥海岛远离尘嚣的优势,建设疗养度假村、度假垂钓场、仿古游乐宫等,开展各项参与式旅游活动,把海岛开发与旅游活动同步进行,并能够相互融合,最终把众多的岛屿建设成为内容丰富、景观独特、层次分明、体系严谨的海岛旅游体系。目前,世界上很多海岛都已开发为著名的游览胜地,如美国的关岛、马来西亚的潮满岛、西班牙的加那利群岛等。

192. 你知道海洋生物产业有多重要吗?

海洋生物具有独特的营养价值,含有多种生物活性物质,这种生物活性物质是陆生生物所无法比拟的。海洋生物的特性决定了海洋生物产业具有广泛的社会需求。

许多海洋生物都可食药两用,既是人类的"粮仓",又是生物活性物质和基因的宝库。由于海洋中含有丰富的食物资源,因此,它作为食物生产基地甚至比陆地更具有战略地位。据估计,占地球面积71%的海洋,每年可为人类提供30亿吨鱼、虾、贝、藻等食物,能满足300亿人的蛋白质需要。另外,海洋生物体内蕴藏着丰富的生化材料和生物高技术所需试剂,有利于海洋药物产品的开发。目前在海洋生物中发现可作为药物和制药原料的物种已达千余种,对预防和治疗心脑血管疾病、促进细胞代谢、抗癌防癌、保护体内细胞的正常功能、延缓脑的衰老等都有很好的作用。

由于海洋生物开发所具有的科技、经济与社会三重价值,海洋生物产业已成为高附加值、具有极大价值放大效应的产业,发展前景十分广阔。

193. 为什么说海洋是人类的"蓝色药库"?

古往今来,治病用药一直是人们免除疾患、挽救生命的一种保障。今天在高科技手段的支持下,人们对海洋生物的药用价值已经有了深刻的认识。

科学家们发现,很多的海洋生物都具有药用价值,它们体内某些物质的含量远远超过陆地生物体内的含量,而且许多海洋化合物的生物活性远比陆生生物活性强。这是因为海洋生物的生存环境和生活方式都很特殊,它们在生活过程中为了适应生存,必须采取一些特殊的化学防御机制,从而产生一些活性物质,这是陆生动植物所没有的。到目前为止,科学家们已经在海洋生物中发现了上千种具有重要生理机能及药理活性的化合物,我国已经分离提取的海洋天然有机活性物质有100多种。

海洋药物生产

海洋经济

人类真正开始海洋药物的开发始于20世纪70年代。1976年,美国率先提出"向海洋要药物"的口号,随后美国、日本及其他发达国家先后投入大量资金对海洋生物活性成分开展了研究。我国也是20世纪70年代以后开始系统、科学地研究海洋药物的。目前,我国已经初步形成了海洋天然活性物质的系统研发能力和海洋药物系列产品的规模生产能力,研制投产的海洋药物已有10余种。随着科学技术的进一步发展,海洋这个巨大的药物资源宝库,将会对人类健康作出更大的贡献。

194. 海洋生物制药将向哪些方向发展?

根据科学家们的总结提出,海洋生物制药在短时间内将主要向4个方向发展。

一是海洋生物基因工程药物。通过开展基因工程研究,可以从海洋生物中分离出有特殊功效的单一成分;也可以直接以海产品为口服性药物,进行海洋基因工程疫苗研究。

二是海洋生物细胞工程药物。通过筛选和改良,选取药用价值较高的细胞株,再利用相应的生物反应器,进行规模化生产。

三是增强海洋天然产物的活性。通过基因工程、细胞工程和酶工程等手段,培育出生长快、活性高、抗病性强的海洋药材新品种。

四是海洋微生物药物的开发。采用现代生物技术,加速发展海洋抗菌药物和其他海洋微生物药物的研制。

195. 巨藻有哪些经济价值？

巨藻可是藻类王国中的大块头，大多数巨藻可以长到几十米，最长的甚至可以长到 200 米～300 米，重达 200 千克。

巨藻体内含有钾和碘等元素，具有很高的工业价值，如巨藻可以用来提炼藻胶，制造五光十色的塑料、纤维板等；它还具有农业价值，如用巨藻作为蛋鸡饲料添加剂产出的蛋含碘量可增加十几倍到几十倍。巨藻含有氨基酸和其他微量元素，具有药用价值，如可用巨藻提取物治疗产妇贫血。巨藻还含有其他元素能降低感冒发病率，对提高老年人的体力和抗疲劳也能起到良好作用。

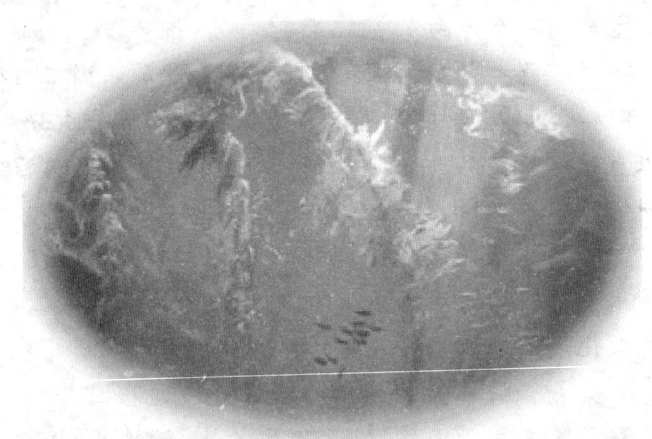

巨藻形成的"海底森林"

最神奇的是巨藻还具有能源价值。近年来，科学家们对巨藻进行了新的研究，发现它含有丰富的甲烷成分。将巨藻的植物体粉碎，加入微生物发酵几天后，每 1000

吨原料就可产生 4000 立方米以甲烷为主的可燃性气体,利用这种沼气做原料还可制造酒精、丙酮等其他物质。美国科学家还发现,用巨藻提炼汽油和柴油,可成为石油的代用品。他们正在试验用某种巨藻提炼汽车用的汽油或柴油,如果此项试验成功,这种取自海生植物的汽油,售价会低于现今的一般汽油。

令人振奋的是,巨藻生长很快,在适宜的条件下,一棵巨藻每天可生长 30 厘米~60 厘米。巨藻的这种生长速度不论在陆地还是在海洋,都是其他植物望尘莫及的。科学家估计,养殖 4 平方千米的巨藻,一年就可生产 10 万千瓦的能量,故巨藻是一种很有前途的能源。

196. 海盐化工对国民经济有多重要?

自古以来,人类对海洋非生物资源开发的主要方式是从海水中提取盐。我国海域辽阔,大陆海岸线长达 1.8 万千米,地跨温带、亚热带和热带,自然条件多样,北方地区降水量少而蒸发量大,南方地区则海水盐度高,这些都为海水晒盐创造了良好的条件。我国的海盐化工生产已有 5000 多年的历史,产量居世界之首,在我国的海洋化学工业中占有很大比重。我国的大型盐场主要集中在渤海湾、莱州湾、海州湾和辽东半岛南部。这些地区年降水量在 600 毫米左右,而年蒸发量却高达 1700 毫米~2000 毫米,具有非常有利的晒盐条件。目前,我国沿海的盐田面积约为 3370 平方千米,有盐化工厂 30 多个,盐化工产品 40 多种,年产量 40 万吨。

我国的海盐化学工业是国民经济中一个重要的组成

盐场一角

部分。目前,我国的海盐化工是以海水晒盐后的苦卤为主要原料,生产各种化工产品。这些产品是军工、染料、化学纤维、医药、农药、冶金、机械建筑等的重要原料。2007年和2008年,我国的海洋盐业总产值分别为144亿元和203亿元,分别占当年海洋产业总产值的0.76%和1.04%。

197. 海洋可以做仓库用吗?

在远离居民区的海底空间,由于海水温度低,变化小,故既适合于存放石油、天然气、炸药等易燃易爆的危险品,也适合于储备大米、小麦等易霉易腐的食品。人们把可以用来做存储用的空间称为"海底仓库"。

目前,一些海洋国家已经研制成多种海洋储物仓库,并陆续投入使用。例如,挪威人在东北海油田附近建造

海洋经济

海底存储的红酒

了一个海底油库——坐底式油罐；美国人在波斯湾离岸100千米的海上建造了一个无底的贮油罐，还在海上建立了液化气贮藏场。1988年，我国与芬兰合作，在青岛附近海面建造了一个海上贮木场，面积达3万平方米，能存放木材1万多立方米。在海上贮藏木材既可节约土地，又可以避免木材被暴晒。

198. 海底有旅馆吗？

你想过在水晶宫居住吗？有一个地方可以让你实现住在海底的梦想，那就是海底酒店。

世界上第一座真正意义上的海底酒店是位于阿联酋迪拜的名叫"水下城市"的酒店。这座酒店也是世界上规模最大的建筑之一，总占地面积达到260万平方米，相当于伦敦海德公园大小，建造费用约为44亿元。酒店的外形酷似一只庞大的水母，酒店主要由地面站、海底隧道和水下旅馆三部分组成。地面站主要用于接待顾客，然后客人可以穿越一条长约510米的玻璃隧道，到达海下自己预定的房间入住。水下旅馆共有220个豪华套房，它们看上去很像一个个大气泡，住在里面可以通过透明的墙壁和天花板观赏到五彩缤纷的海洋生物。这个豪华建筑物的水上部分包括两个半透明的穹顶，可以举办音乐会,以及一个能升出水面的舞厅,此外还有三个酒吧,一个美容诊所,一个海洋生物研究室,一个图书室,一个博物馆,一个祈祷房,一个私人影院,一个零售商店和三个具有150个座位的餐厅。

海底酒店内景

迪拜的"水下城市"并不是唯一的海底酒店。早在1986年,美国佛罗里达州吉拉格岛海域就有一个海底旅馆——儒勒海底客栈。儒勒海底客栈其实是1972年建造的海底实验室,1986年两名潜水研究员将其改成海底旅馆。这个海底旅馆非常简陋,只有2个卧室1个浴室,最多可以容纳6个访客在此度过一夜。此外,2000年,美国的一家公司欲在西南太平洋岛国斐济附近的一个海底珊瑚礁旁打造一座海底旅馆,但至今尚未完成。

199. 为什么说海底电缆、光缆像人体的神经?

海底电缆分为海底通信电缆和海底电力电缆。海底

海洋经济

通信电缆一般用于长距离通讯业务,具有保密程度高的特点,一般用于远距离岛屿之间、跨海军事设施间的通讯。海底电力电缆主要用于水下传输大功率电能,与地下电力电缆的作用相同。海底电力电缆的铺设距离较通信电缆要短得多,一般用于陆岛之间、横越江河或港湾、从陆上连接钻井平台或钻井平台之间的互相连接等。

铺设在海底的通信光缆,主要是用来连接世界各国间的网络。互联网把世界连接成为一个大的网络,美国作为互联网的发源地,存放着大量服务器,很多信息的发送都要从美国绕一圈。如果把美国比作互联网的大脑,那么光缆就是互联网的中枢神经,而连接大脑和中枢神经的就是海底光缆。

中国国际海底光缆网络

世界上的通信流量70%都是由海底电缆和光缆来完成的,人造卫星只传输了30%。目前,除南极洲之外,海底电缆和光缆已经覆盖了世界上其他各洲。它们就像人体内的神经系统一样,负责全世界信息的传输,一旦断裂将会有成片的区域受到影响。

2006年12月27日,台湾南部海岸发生了6.7级地震,将海底电缆震断,几乎使国际电话线和亚洲的大部分互联网连接瘫痪。2007年9月7日,台湾外海又发生6.6级强地震,一根海底电缆被震断,导致香港及珠三角地区的网络均受到影响。

200. "垃圾贝壳"的经济价值有多大?

贝类海鲜是人们十分喜爱的食物,但遗留下的大量贝壳却成为难以分解处理的垃圾。日本科学家首先对这些贝壳进行研究,在利用"垃圾贝壳"上,已获得了很大的成功。

日本古代的贝壳垃圾堆

他们发现,贝壳中富含的碳酸钙,是诸多常见病菌的克星。试验也证实,将贝壳中提取的碳酸钙制成溶液,大肠杆菌置入后不到10分钟,就被全数杀灭。据此认为,"贝壳溶液"可以替代长期使用的传统化学消毒液,它不仅消毒效果好,而且不会对环境产生任何化学污染。更令人惊奇的是,这种"贝壳溶液"尽管碱性很强,却不会像其他碱性溶液那样有腐蚀作用,也不会伤害人的皮肤。这是因为贝类生活在海水中,而海水里含有多种防止腐蚀的矿物质成分,因此"贝壳溶液"也是一种安全的家用消毒剂,可用来给厨房、浴室和卫生间消毒杀菌。

研究还发现,贝壳还可以吸收房间里的甲醛。这是因为贝壳粉末含有许多小洞,挥发性物质甲醛一旦进入小洞,贝壳特有的碳酸钙就会将其分解为氢和二氧化碳等对人体无害的元素。因此,日本专家开发出一种掺有贝壳粉的墙壁涂料,可以在10分钟内使房间中的甲醛浓度降低到原来的五分之一,还能吸收化学涂料散发出来的其他有害成分。目前,日本共有1000多所养老院和小学校首批使用了这种神奇的"贝壳涂料"。

既然"垃圾贝壳"的作用如此显著,若将其产业化,将不仅减少贝壳垃圾的产生,在人们的生产生活中也将起到更多的作用。

201. 深层海水的经济价值表现在哪些方面?

由于阳光几乎照射不到海面200米以下的深度,细菌和病原菌得不到阳光就很难繁殖,因此,深层海水总是保持着清洁状态。此外,从表层部分沉降下来的动植物残骸和排泄物等有机物在到达深层之前,几乎全部被表层的细菌分解,作为"肥料"的氮、磷、钾等微量元素大量溶解到深层海水中。同样,因为阳光无法到达,深层海水的水温比表层部分低,这样,深层海水就具有清洁、肥沃、低温的显著特点。

目前,人们正在研究如何利用深层海水与表层海水的温度差进行发电;如何利用深层海水作为空调等的制冷剂,养殖海草以及鱼类和贝类,开发农用肥,作为食品、化妆品和日用品的原料;等等。近年来,日本开始大力开发和利用深层海水,其中富山、高知、冲绳三个县已在海水养殖、康复美容、饮料食品等方面取得了一系列成果。富山县兴建了专门的取水设施,从距海岸2600米、深321米的深海抽取海水,每天抽取量在3000吨左右。现在该县已经约有50家企业利用这种海水开发出了120多种商品,如利用深层海水从事鳟鱼、虾、海带等的养殖和研究,兴建了集娱乐和康复功能于一体的海水治疗设施,利用深层海水为人们提供桑拿、美容等服务。

海洋经济

夯实蓝色经济基石

202. 为什么说《辛丑条约》是我国经济和海防的大灾难？

清朝晚期是一部沉甸甸的中华民族屈辱史。从1840年开始，在西方国家坚枪利炮的威逼下，腐朽无能的清政府被迫签订了一个个丧权辱国的不平等条约。而1901年与侵入北京的八国联军签订的《辛丑条约》是其中出卖国家利益最多最重的一个。

1901年，清政府被迫与英、俄、德、法、美、日等国签订《辛丑条约》

《辛丑条约》的赔款数目庞大。它规定中国需赔款白银4.5亿两，按年息4厘计算，本息共计9.8亿两，并以海关税、常关税和盐税作担保。这些巨额赔款，即使不计利息，按当时的人口，也合每人一两银子，而当时清政府一年的财政收入也只有白银8000万两，这严重加剧了中国的贫困和经济衰败。

《辛丑条约》使我国主权丧失最严重。它完全漠视中国的主权和海防安全，规定"拆除大沽及有碍北京至海通道的所有炮台，外国可在自山海关至北京沿铁路的12个地方驻扎军队"。这实际上使我国的京津塘沿岸成为"有海无防"地带，西方国家随时可以从渤海湾直驱北京。

海洋经济

《辛丑条约》给拥有几千年灿烂历史的中国带来了一场旷古未有的经济和海防大灾难。

203. 袁世凯如何葬送了我国的盐税大权？

袁世凯是清朝后期和中华民国初期这段时间里一个叱咤风云的人物，也是一个最终遗臭万年的历史罪人。他的"善后大借款"断送了我国盐税大权，即是一大历史罪行。辛亥革命后，袁世凯不仅窃取了以孙中山、黄兴等为首的革命党人的胜利果实，而且为了稳固自己的地位，肃清革命党势力，做好当"皇帝"的准备，不惜巨大代价向西方国家银行集团乞讨。在1913年同英、法、德、俄、日5国银行团签订了臭名昭著的《善后借款合同》，又称"善后大借款"。借款总额为2500万英镑，47年偿清，本息共计6789万英镑借款，以中国盐税、海关税及直隶、山东、河南、江苏四省所指定的中央政府税项作担保。

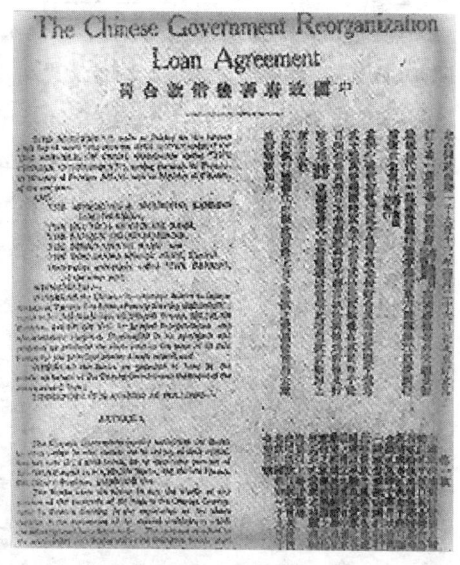

"善后大借款"合同原件

为了使西方银行团的利益得到保障，"善后大借款"除了规定袁世凯政府不得再向5国之外的其他国家银行团贷款外，还特别规定中国要聘用外国人参加盐税征收事务。聘用外国专家干预中国的盐税，实际上是出卖了我国发达的海盐生产、运销、税收大权。事实证明，袁世凯在清政府已经结束的情况下，仍然继续出卖国家经济税收利益，实际上就是一个彻头彻尾的封建腐朽势力继续延续的代表。

204. 福建船政局对我国近代造船业有何影响？

近代的中国政府虽腐朽衰落，但总有一批中国人在困境面前不屈不挠，坚挺脊梁，发奋图强，通过兴办实业振邦兴国，保卫海疆。于1866年，闽浙总督左宗棠在福建马尾创办的福建船政局就是其中的一个杰出代表。福建船政局被誉为中国造船业的"开山之祖"。在1874年就已成为一座拥有完备的造、修船设施和众多设备的船舶制造厂，成为我国也是远东地区最大、设备最完善的造船基地，对我国近代甚至现代造船业都有着深刻的影响。

"平远"舰

福建船政局推进了我国造船技术的快速进步。从1869年制造第一艘轮船"万年清"号起,到1889年由船政学堂毕业生魏瀚、陈兆翱等设计制造出第一艘钢甲巡洋舰"平远"号(代表当时我国造船技术的最高水平),仅用了不到20年的时间,福建船政局便由生产木壳兵船、铁胁木壳兵船到制造钢甲军舰,连续跨越了造船技术的三大步。

福建船政局培养了一批海军和造船工业人才。它除了不断派遣留学生出国学习、聘请洋人来厂教导外,还在创办船政之始,就开办了船政学堂。这所中国最早的专业技术高等学府,是我国近代海军与造船工业骨干力量和基本队伍的造就之地,不仅作为"海军摇篮"为中国近代海军培养了大批将帅之才,而且还培养了大批各种门类和学科人才。我国最早的一批科技专家也在这里产生,如严复、魏瀚、詹天佑等。

205. 孙中山为何倡导发展海洋实业?

大家都知道,孙中山先生是我国伟大的民主革命先驱,但很少有人知道,他还是我国近代具有强烈海洋意识和海权思想的代表性人物。

在回顾晚清时期西方列强海上入侵我国的历史悲剧,总结了鸦片战争以后中国有识之士奋力抗争、保卫海权的历史经验教训后,孙中山顺应世界发展潮流,提出了富有革命精神的海权观。他提出"海权兴,则国兴",并以英、美、日、俄等国的发展史来警醒国人:"自世界大势变迁,国力之盛衰强弱,常在海而不在陆,其海上权力优胜者,其国力常占优胜。"他认为保卫国家海权,必须建设海军,并指出"海军实为富强之基"。在1912年成立的以孙中山为总统仅有9个部的中华民国临时政府中,就设置了海军部。

孙中山

孙中山认为,发展海洋实业是根本大计,无论是发展海军,还是巩固制海权,都要依赖发展海洋实业。在他的著名的《实业计划》中,孙中山提出要建设我国"北方大港"、"东方大港"、"南方大港"三大港口及沿海商埠和渔业港,以开发海洋,发展海外贸易,带动实业的发展。

孙中山先生以其高瞻远瞩的真知灼见、百折不挠的毅力来振兴中华海权,计划中国海业,而被后人敬仰,被称作是中华民族走向海洋的里程碑人物。

206. 你了解我国近代南海诸岛命名情况吗?

南海诸岛历来是中国领土的一部分。清朝和民国时期,我国三次为南海诸岛的命名,对确立我国对南海诸岛的主权地位具有重大历史意义。

第一次是1909年广东水师提督李准巡海,对祖国南疆西沙、南沙群岛进行了复勘,并一一刻石命名,升旗立碑,向世人庄严宣布西沙、南沙诸岛为中国领土。这是一次有意义有影响的地名审定,可惜当时所绘的《李准巡海图》已失落。

第二次是南京国民政府水陆地图审查委员会于1935年公布《中国南海各岛屿华英名对照表》及《中国南海各岛屿图》,审定南海诸岛地名135个。这是我国第一次较全面地公布南海诸岛的地名,第一次将南海诸岛分成4部分:东沙岛(今东沙群岛)、西沙群岛、南沙群岛(今中沙群岛)和团沙群岛(今南沙群岛),对维护我国南海诸岛的主权起了一定作用。

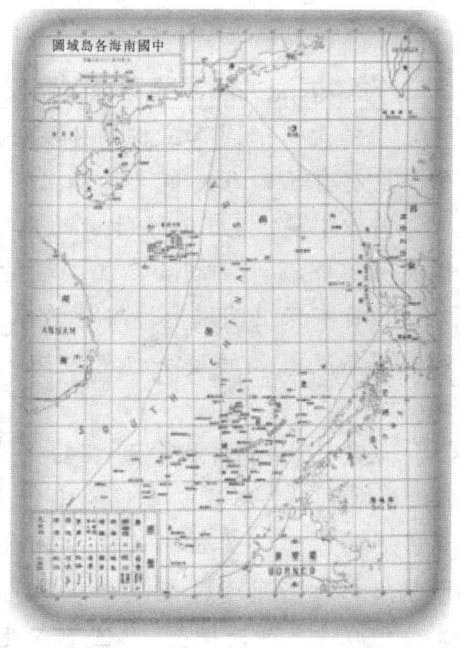

1935年《中国南海各岛屿图》

在1945年日本无条件投降后,南京国民政府收回了包括台湾、澎湖列岛和南海诸岛在内的所有失地(钓鱼台列岛、琉球群岛除外),并于1947年公布《南海诸岛新旧名称对照表》,刊印《南海诸岛位置略图》,公布地名172个;同时,审定了"南海诸岛"和"东沙群岛"两个地名,并把1935年公布的南沙群岛改为中沙群岛,团沙群岛改为南沙群岛。从此,南海诸岛按位置划分为东沙、中沙、西沙、南沙四个群岛。1947年南海诸岛的命名是由国民政府向中外正式公布的,这对维护我国领土主权具有十分重要的意义。

207. 新中国海关总署有何重大意义?

海关是一个国家主权的体现,每个拥有主权的国家都要设有自己的海关管理部门。

那么,海关到底是做什么的呢?它是一个国家设在边境和港口,负责对进出本国国境的货物征税的机关,同时也担负有保卫国家边境安全的部分职能。中华人民共和国国务院直属的海关总署是中国海关的最高领导机构。

从1840年鸦片战争到1949年新中国成立的100多年里,在中国这片多灾多难的土地上,战争连续不断,海洋成了西方列强及日本入侵中国的战略通道,海关税收成了腐朽政府用于偿还战争赔款的主要途径。事实上,在这100多年的时间里,中国基本处于有海无关状态,国家海防及经济在很大程度上受他国挚制。随着1949年新中国的建立,以及随后中央人民政府海关总署的成立,我国100多年来海关被外国人控制的屈辱历史才宣告结束,国门的钥匙才终于回到了中国人民手中。

208. 钓鱼岛有怎样重要的经济价值?

我们在报纸、电台、电视及网络上,经常听到各种与钓鱼岛有关的新闻报道,相信大家对它已经不再陌生了。钓鱼岛之所以是新闻大热门,不仅在于它有重要的政治、军事价值,更在于它有重要的经济开发价值。

钓鱼岛全称"钓鱼台群岛",位于中国台湾省基隆市东北约 92 海里的东海海域,是台湾省的附属岛屿。它由钓鱼岛、黄尾岛、赤尾岛、南小岛、北小岛、大南小岛、大北小岛和飞濑岛等岛屿组成,总面积约 6.5 平方千米。

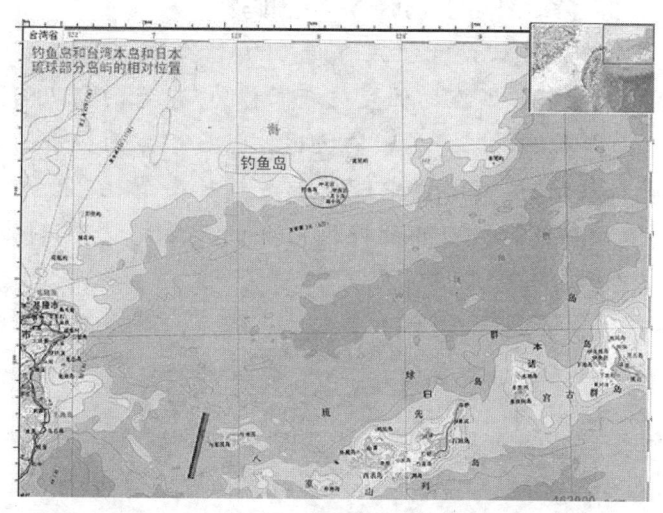

钓鱼岛位置图

钓鱼台群岛及其周围海域资源藏量非常丰富。它位于中国大陆架的边缘,是东海石油富藏区域。据估计,它的石油总储藏量高达 1095 亿桶,相当于世界第二大产油国伊拉克的原油总储量,还有大量的钴、锰、镍等稀有金属及"可燃冰"(即含有甲烷的天然气水合物)资源。它周围海域的渔业资源也十分丰富,盛产飞花鱼等多种鱼类。长期以来,我国台湾等地渔民经常到这里从事捕捞活动,每年的可捕量高达 15 万吨。此外,钓鱼岛上还分布着丰富的珍贵药材资源。

钓鱼岛自古就是我国的领土,但它丰富的海洋资源及重要的军事战略价值,早已引起日本的垂涎。日本拼命抢夺钓鱼岛,并造成目前该岛实际上由日本控制的局面。

209. 你了解我国的"春晓"油气田吗?

春晓油气田处于上海东南 500 千米、距宁波 350 千米的东海海域,所在的位置被专家称为"东海西湖凹陷区域",是多种海洋矿产的富集区域。据日本方面提供的考察资料表明,这些海域中埋藏着足够日本消耗 320 年的锰、1300 年的钴、100 年的镍、100 年的天然气以及其他矿物资源和渔业资源。

"春晓"油气田

众所周知,从 20 世纪 80 年代以来,我国经济发展速度加快,企业生产和群众生活对油气资源需求猛增。在陆地油气资源不断减少的情况下,国家开始大力推动海上油气开发。我国东海的春晓油气田的开发利用项目也被列入了国家重点工程,并由中国海洋石油总公司和中国石油化工集团两大公司投资建设。现今,春晓油气田已正式投产,成为中国目前最大的海上油气田。它占地面积达2.2万平方千米,几乎相当于三分之二个台湾省。2005年春晓油气田生产的天然气开始供给浙江省宁波和绍兴等城市使用。扩产后,该气田所产天然气将延伸送至上海等地使用。

中国春晓油气田的开发对于维护我国海洋权益、满足国家经济和社会发展对能源的战略需求具有重大的意义,也是加快发展我国深水油田开发技术及装备的一次重要的战略机遇。

210. 日本为何发难我国"春晓"油气田?

自我国东海春晓油气田开始建设以来,日本就借助所谓的"中间线"说法对我国东海油气开发频频发难。根据《联合国海洋公约》关于200海里专属经济区的规定,东海最宽处不过360海里,日本否认中国提出的大陆架自然延伸原则,而是依据自己划定的所谓日中"中间线",将两国专属经济区进行了划分。日本认为春晓油气田距中间线仅5千米,中国的大规模开采会产生吸聚效应而损害日本的利益。从2004年起,日本各种媒体和政府官员开始向中国集体发难,指责中国侵犯日本利益,并派出巡逻机、军舰闯入中国春晓油气田上空监视,还批准日本帝国石油公司在东海海域试采石油天然气。

那么,日本在春晓油气田上大做文章,到底用心何

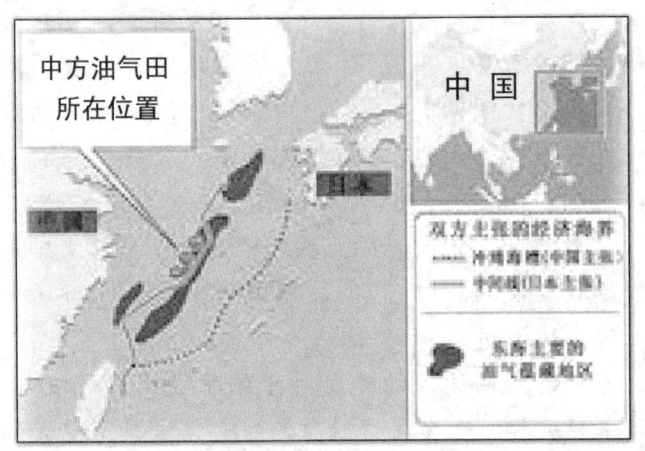

在？香港《亚洲周刊》对此进行了深刻分析，认为日本表面上是为争取海洋资源，实际上是逼中方承认日方提出的"中间线"原则，想扩张相当于三个浙江省的领土面积及"名正言顺"地将钓鱼岛据为己有。日本的真正用心，可谓昭然若揭。

211. 中日解决"春晓"油气田争端有什么新进展？

长期以来，本着睦邻友好、共同发展的愿望，我国在处理与邻国存在争议的领土开发问题时，一直秉持"搁置争议，共同开发"的原则，妥善处理相互关系。从国际上看，共同开发作为一种新的尝试，目前已有20多个国家通过协商逐步解决争议，并就海上争端做出了一些临时性的政策安排。

针对春晓油气田问题与日本所存在的争议，我国已与日本进行了多次平等协商。于2008年6月18日中日达成协议，宣布7个坐标点连线围成的区域为两国共同

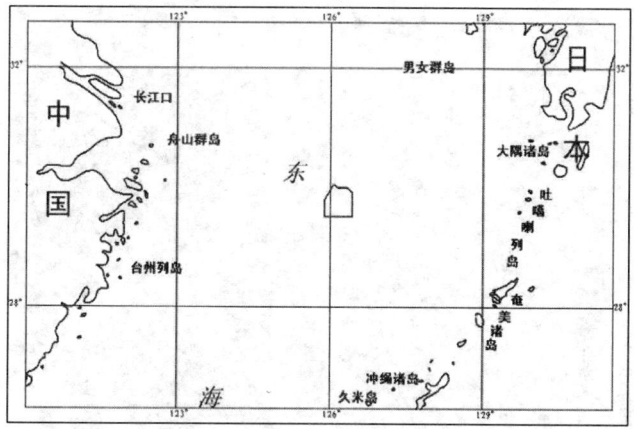

中日共同开发区块示意图

开发区块,我方欢迎日本法人按照中国对外合作开采海洋石油资源的法律,参加对春晓现有油气田的开发,日方也承认春晓油气田的主权属于中国。

212. 中韩苏岩礁争端是怎么回事?

依照《联合国海洋法公约》的规定,对海洋中某一岛屿具有主权,就意味着享有该岛周围200海里专属经济区权利,也就拥有了巨大的经济开发价值和潜在的政治、军事价值。韩国与我国的苏岩礁争端的实质就在这里。

苏岩礁,顾名思义,即江苏外海的岩石、海礁,而不是岛屿。该礁位于东海大陆架上,是我国大陆在海底的一部分,处于我国200海里专属经济区内。苏岩礁附近海域自古以来是我国鲁、苏、浙、闽、台五省渔民活动的渔场。1880~1890年,苏岩礁的位置被明确标注在清朝政府北洋水师的海路图中。

而在2001年,韩国地理院为了拓展本国海洋专属经

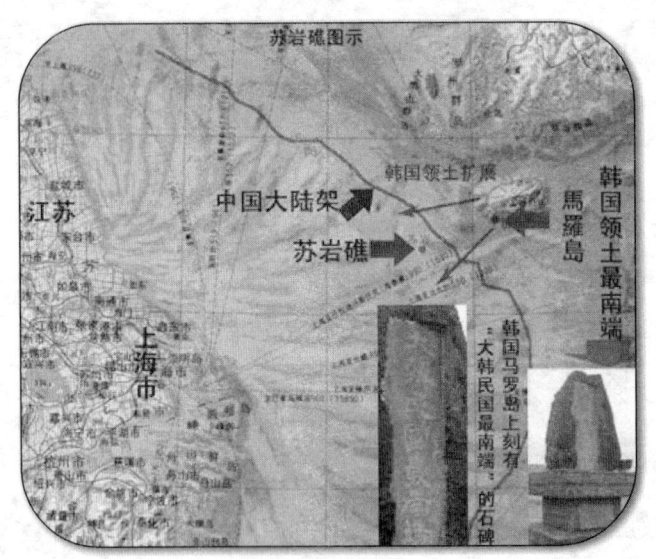

苏岩礁位置图

济区,竟然将苏岩礁非法命名为离於岛,并在苏岩礁最高峰的南侧65米处打桩兴建一座巨大的钢筋建筑物,还在附近海域进行各种资源勘探,派出舰艇和飞机巡视,企图造成苏岩礁为韩国所有的事实,从而占有周围大片海区以及海区内资源。韩国在苏岩礁所采取的行为,实际是不顾历史事实和相关国际公约而公然侵犯我国海洋主权,遭到了我国的强烈反对。我国政府明确表态,苏岩礁是位于中国东海北部的水下暗礁,并非岛屿,属于中国专属经济区,中韩在此不存在领土争端问题。

213. 越南是如何侵占我南海岛礁及周边资源的?

大家知道,南海自古就为我国领土。根据《联合国海洋法公约》的划定标准,我国在南海海域内拥有岛屿1700

多个。但由于南海水域庞大及技术问题,长期以来我国难以实施有效的行政、军事管理和资源开发,给周边一些国家造成了可乘之机。

越南的海上石油钻井平台和岸上的油库

越南是侵占我国南海利益较多的国家,也是野心最大的一个,还声称对南沙群岛拥有全部"主权"。它的侵占方式主要有两种:一是对侵占岛礁实施行政管理。目前,越南已非法侵占了我国南沙岛礁29个,还把占领的我国南沙岛屿划归为一个省,即所谓"福绥省",并派兵驻守,造成事实上控制。二是将问题国际化。越南通过加入东盟组织,联合其他国家向我国施加压力,要求我国承认其占领的南沙岛屿是"合法的"。另外,越南还把一些东南亚区域外的大国引进南海地区,如美国、日本和印度等,联合开发南海油气资源,让南海争端国际化。

2008年,越南生产石油约1750万吨,基本上来自南海，其产值占越南国家 GDP 的约 30%。越南在我国南沙海域的青龙、白虎和大熊是其最主要的 3 个油田，年产量都在 500 万吨以上。

214. 掠夺我国南沙资源最早最多的是哪个国家？

马来西亚是掠夺我国南沙海域资源最早最多的国家。早在 20 世纪 70 年代，马来西亚就不顾历史事实，以大陆架为理由对我国的南海群岛某些岛礁提出要求，并把南海东南部 12 个岛礁划入它的领土范围。于 1977 年动手在岛礁上建立主权碑，宣称这些岛礁是它的，之后又派兵占领了我国弹丸礁、南海礁和星仔礁等 5 个南沙岛礁。

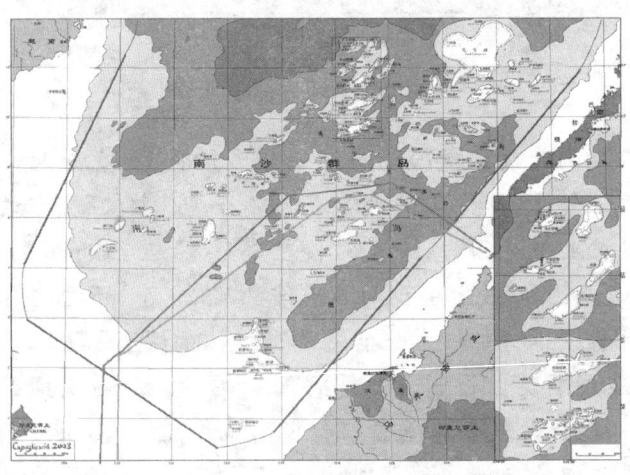

绿色线内测是马来西亚实际控制海域

马来西亚在我国南沙海域的主要经济活动是开采海底石油。从 21 世纪初开始它就在南通礁至曾母暗沙之间一带海域进行石油勘探和开采。2003 年 4 月至今，马来西亚已先后派遣多个海上作业编队和测量勘探船赴南沙的南通礁海域实施测量和油气勘探活动，目的是对该礁附近海域的海底地震活动情况及石油、天然气资源进行勘探评估，为日后的油气开采做准备。

近年来，马来西亚国内的大型石油企业与日本、巴拿马、英国、美国等多个国家的公司合作，开始公然掠夺我国南沙油气资源，它们在海上资源开采的范围已深入我国南沙群岛20千米以内。目前，马来西亚已在南沙海域打油气井90多口，石油年产量已超过3000万吨，天然气近1.5亿立方米，年获利30多亿美元，是在我南海开采油气资源最多的国家。

215. 菲律宾侵占我国南海岛屿情况如何？

从20世纪70年代至今，曾经把我国称为"老大哥"的菲律宾不顾历史事实，已非法侵占了我国南沙群岛包括马欢岛、南钥岛、中业岛等10个岛礁及中沙群岛的黄岩岛。其中的中业岛已被菲律宾设为南沙群岛的指挥中心，岛上有菲律宾驻军100余人，并建有军用机场，还打算将中业岛设置为旅游景点。2009年2月，菲律宾参众两院竟非常滑稽地分别通过了两个版本的"领海基线法案"。在参议院的版本中，他们仅将南沙群岛部分岛屿和黄岩岛划为菲律宾领土。而在众议院的版本中，则将这些岛屿都划入了菲律宾的领海基线。若按照众议院的版本，菲律宾不仅将拥有12海里的领海主权，还将拥有200海里的专属经济区。菲律宾的意图很明显，就是要通过占有岛屿，扩展本国专属经济区，最大程度地获取我国南海丰富的油气、矿产资源。

我国中业岛

菲律宾对我国主权的公然侵犯引起我国的强烈回应。中国政府明确宣布,黄岩岛和南沙群岛历来都是中国领土的一部分,中华人民共和国对这些岛屿及其附近海域拥有无可争辩的主权。任何其他国家对黄岩岛和中沙群岛的岛屿提出领土主权要求,都是非法的,也是无效的。

216. "海巡 31"巡逻船为何被称为"中国海事航母"?

执行海事任务,维护国家海防安全和海洋经济建设,离不开海上巡逻船这种特种船舶的支持。对我国这样一个海岸线长、海域辽阔的海洋大国,在执行一些特殊的海事任务时,还需要使用大吨位、装备专用设施的特种巡逻船。我国自行设计建造并在 2005 年投入使用的"海巡 31"船,就是这样一艘超级海事工作船。它是我国第一艘

3000吨级海上巡逻船,装载有舰载直升机和机库,有"中国海事航母"之称。

"海巡31"巡逻船

"海巡31"船的性能非常优良和先进。一是船体大、时速快、续航力强。该船全长112.8米,宽13.8米,吃水4.38米,排水量为3000吨,最大航速在22节以上,续航力达到6000海里,在没有供给情况下可从广州直驶夏威夷。二是配备了国际最先进的导航系统。它配备的凯文汉修斯导航雷达,与电子海图和综合航行信息显示组成综合航行系统,实现了导航的数字化。三是装备了直升机库和飞机升降平台。机库15米多长、5米多高,可存放一架EC－135型或海豚直升机。直升机起降平台达260多平方米,船舶在横摇±5度、纵摇±2度范围内,风速不大于17米/秒的情况下,直升机可自由起降。四是具有先进的飞行指挥系统。在飞行指挥塔台内,超短波电台、GPS显示器、电罗经分显示器、气象分显仪、中波归航遥控盒、电视监视器等各种飞行指挥系统应有尽有。

217. 我国应如何维护国家的海洋权益?

大家知道,有丰富油气资源的我国东海与南海区域同周边国家的海权争夺,已经非常激烈。中日东海问题、中韩苏岩礁争端及中越、中菲、中马、中印等国的南海争议,使得整个中国海相当面积的海域处于海洋权益争夺的旋涡之中。海洋权益争夺的核心原因就是争取海洋资源。在当前这样一个错综复杂的局面中,我国该采取哪些策略来维护国家海洋权益呢?

首先是要明确宣示主权。通过诸如《中国海疆法》之类的国内立法,确立我国岛礁、大陆架、专属经济区的地理范围、主权原则、维权机制等。明确昭告国际社会:我国的国家主权神圣不可侵犯,若有侵犯我国主权行为,我国必将采取措施予以还击。

其次是发展军事力量,强化军事保护能力。资源争夺的背后实质是军事实力的较量。我国周边国家还没有哪个拥有与中国较量的绝对军事实力,但之所以敢于叫板我国,无非是依仗美国等西方大国的军事支持。发展军事力量尤其是增强海防军事实力,是我国彻底解决海疆危机的重要途径。

最后是提高海洋资源开发科技支撑能力。我国海洋科技研究在新中国成立后的短短时间取得了巨大成就,但随着国际海洋开发向深海领域的挺进和深海油气开发技术的快速发展,我国与发达国家差距非常明显。在深海油气资源开发中,可以采取国际合作的形式,依靠外国公司提供技术支持,但最重要的是要自己具备开发的技术能力与人才,才能不受制于人。因此,我国必须加大海洋科技研发投入和人才培养,推动我国海洋资源开发科技的快速进步。作为一个中国的青少年,要尽早树立海洋国土观意识,学习海洋科学知识,怀有报效国家海洋事业的勇气和决心。

218. 我国为何要制定《对外合作开采海洋石油资源条例》?

我国海洋石油开发始于20世纪60年代中期,比发达国家晚不了多少年。但是,由于我国的海洋石油开发技术水平较低,装备较差,导致很长时间里我国海洋石油

中外合作开采海洋油气

勘探开发进展非常慢。到20世纪70年代,海上石油产量还不足10万吨。而在这个时候,世界上许多国家已经在海洋石油领域大干快上了。今天,我国经济社会的快速发展迫切需求更多的石油能源,为了满足经济社会发展需求,我国政府决定开展国际合作,利用外资、引进先

进技术来发展我国的海洋石油事业。

在海洋石油开发国际合作方面,国际上已有成熟的操作模式。通常是需要依照石油资源国的法律和规定,通过履行招标、投标等一些规定程序进行运作。因此,我国在1982年发布实施了《对外合作开采海洋石油资源条例》(2001年又重新修订发布)。这个条例,对我国海洋石油对外招标开采做出了明确的法律规定,也是我国海洋石油开发国际合作的基本法律依据。

219. 我国如何建设和管理海洋自然保护区?

海洋自然保护区能够为海洋生物,尤其是那些不堪环境的改变或破坏而面临灭顶之灾的物种,留下一片尽可能无异于它们祖先生息、繁衍的"乐土"。据统计,从20世纪70年代起至今的30多年来,全世界海洋保护区的面积以每年5%的速度增长。

我国也非常重视对海洋生物的保护。于1995年,我国制定施行了《海洋自然保护区管理办法》,依法加强对我国海洋自然保护区的建设与管理,来保护海洋珍稀野生动植物资源及其重要的栖息地。自从《海洋自然保护区管理办法》实施后,我国的海洋自然保护区便雨后春笋般发展起来。现今,我国已设置了昌黎黄金海岸、南麂列岛、三亚国家珊瑚礁、天津古海岸与湿地、深沪湾海底古森林遗迹、厦门文昌鱼、大洲岛和山口红树林等国家和地方级海洋自然保护区130多处,总面积达769万公顷(不含台湾、香港和澳门)。建设和管理海洋自然保护区已成为我国保护海洋生态环境、促进海洋经济可持续发展工作的重要组成部分。

220. 我国专属经济区和大陆架范围是怎样规定的？

为维护国家海洋利益,拓展海洋开发的空间,促进海洋经济持续发展,依据《联合国海洋法公约》,我国于1998年制定实施了《专属经济区和大陆架法》,对我国专属经济区和大陆架的范围进行了明确规定。该法规定,我国的专属经济区为领海以外并邻接领海的区域,从领海基线起延至200海里。我国的大陆架为领海以外依陆地领土的全部自然延伸,扩展到大陆边外缘的海底区域的海床和底土;如果从领海基线起至大陆边外缘的距离不足200海里,则扩展至200海里。

中国南疆蓝色国土

根据《联合国海洋法公约》及我国《专属经济区和大陆架法》的规定,可划归我国管辖的海域面积达300万平方千米,相当于我国陆地国土的三分之一。我国专属经济区和大陆架范围的明确界定,为我国海洋经济、社会的持续发展奠定了空间基础。

221. 我国对专属经济区和大陆架资源有哪些权力?

为了保证沿海国家对海洋的经济权利,1994年生效的《联合国海洋法公约》赋予了沿海国家在其领海基线以外划定200海里专属经济区和大陆架的权利,以及对专属经济区、大陆架内资源的主权权利和一些活动的管辖权。依据《联合国海洋法公约》,我国《专属经济区和大陆架法》又进一步明确规定了我国对专属经济区和大陆架的权利。

该法规定,中华人民共和国在专属经济区为勘探、开发、养护和管理海床上覆水域、海床及其底土上的自然资源,以及进行其他经济性开发和勘察,如利用海水、海流和风力生产能等活动,行使主权权利;对专属经济区和大陆架的人工岛屿、设施和结构的建造、使用和海洋科学研究、海洋环境的保护和安全,行使管辖权;对勘察大陆架和开发大陆架的自然资源,行使主权权利。

222. 为实施《海洋环境保护法》还有哪些具体规定?

海洋环境是发展海洋经济的物质基础,需要运用法律手段进行保护。我国早在1982年就推行了《海洋环境保护法》(该法于1999年修订后重新发布),依法加强对海洋环境的保护,以促进海洋经济的可持续发展。

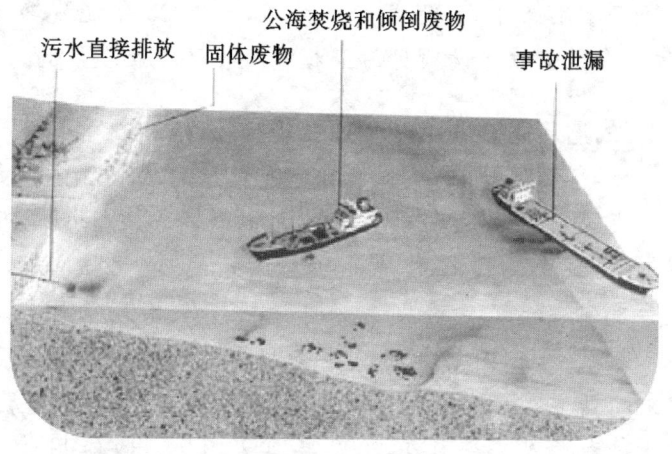

依法切断各种海洋污染源

为了切实推动该法实施,我国还相继公布实施了防治污染、保护海洋环境的一些具体规定。包括:为防止海洋石油勘探开发对海洋环境的污染损害及为防止船舶污染海域生态环境,于1983年先后发布了《海洋石油勘探开发环境保护管理条例》及《防止船舶污染海域管理条例》;为控制向海洋倾废,于1985年发布了《海洋倾废管理条例》;为防止拆船污染海洋环境,保护生态平衡和人类健康,于1988年发布了《防止拆船污染环境管理条例》;为加强对陆源污染物的控制及为加强海岸工程项目管理,于1990年先后发布了《防治陆源污染物污染损害海洋环境管理条例》及《防治海岸工程建设项目污染损害海洋环境管理条例》(2008年修订后继续施行);为加强海洋倾废管理,科学合理地利用倾倒区,于2004年施行的《海洋倾废管理条例》;为防治和减轻海洋工程项目污染,维护海洋生态平衡，保护海洋资源，于2006年还发布了《防治海洋工程建设项目污染损害海洋环境管理条例》。

223. 我国为何要制定《海域使用管理法》?

长期以来，我国的海洋国土意识和海洋管理意识都比较淡薄。由于缺乏对海域使用的统一规划和综合管理，我国海域使用基本是处于"无序、无度、无偿"状态。随着我国海洋经济的快速发展，各项开发利用海域行为的不断增多，我国局部海域生态和资源遭受破坏现象也越来越严重，大大影响了我国海洋经济的可持续发展。鉴于这种情况，我国在2002年实施了《海域使用管理法》。该法规定了海洋功能区划制度、海域权属管理制度和海域有偿使用制度，推行了这"三项制度"在我国海域管理中的应用。结合该法的实施，我国还制定了一系列配套制度，如"海域使用权管理规定"、"海洋功能区划管理规定"及"海域使用管理违法违纪行为处分规定"等。

《海域使用管理法》可以说是我国在海洋领域的一部"土地法"。该法的施行，有效地改变了我国海域使用的混乱局面，海域生态环境恶化现象也得到有效遏制。

224. 我国对无居民海岛有何规定?

在我国300万平方千米的海域中，分布着众多的岛屿。其中面积为500平方米以上的海岛有6900多个，小于500平方米的海岛有上万个，还有很多低潮高地。我国大多数海岛上，由于远离大陆或自然条件恶劣，而没有人居住，成为无居民海岛。

无居民海岛的价值非常大，有重要的生态、经济和国防功能。为加强无居民海岛管理，保护生态环境，维护国家海洋权益和国防安全，促进无居民海岛的合理开发利用，我国于2003年施行了

无居民海岛——半洋礁

《无居民海岛保护与利用管理规定》。凡在中华人民共和国内水、领海、专属经济区、大陆架及其他管辖海域内，从事无居民海岛的保护与利用活动都适用该规定。

但是，《无居民海岛保护与利用管理规定》仅是一个具有部门性质的条例规定，约束能力有限。为了进一步加强无居民海岛的保护和合理开发，我国于2010年3月1日施行了《海岛保护法》，对无居民海岛的权属和管理做出明确的规定，即"无居民海岛的所有权属于国家，国务院代表国家行使无居民海岛所有权。地方各级人民政府、单位和个人均有保护无居民海岛的责任"。

225. 我国为什么要两次修订《渔业法》？

为解决长期以来由于捕捞过度造成的渔业资源退化问题，我国于1986年制定了第一部《渔业法》，确定我国渔业发展要由捕捞为主转向养殖为主。但我国长期形成的重捕而轻养的思想并非一朝一夕就能改变，海洋捕捞产量仍在大幅度增长，近海水产资源仍在加剧衰退。我国不得不在2000年对《渔业法》进行修订，再次明确以养

殖为主,并实行捕捞限额制度和捕捞许可证制度,对渔船、渔具也作了严格的规定,鼓励实施渔业增殖。

为适应近海渔业资源及海洋环境保护不断增加的需要,推广利用先进的渔业科技,加强渔业资源的保护、增殖、开发和合理利用,我国在2004年再次对《渔业法》修订实施。新《渔业法》除继续鼓励发展养殖业外,还明确提出发展渔业科技,鼓励和扶持发展远洋捕捞业,大力提倡对渔业资源的增殖和保护。

我国两次修订《渔业法》,都是为了保护渔业资源。但2004年的《渔业法》特别强调了科技的作用,反映了我国对待渔业发展问题理念的进一步提升。

226. 我国休渔制度是怎么规定的?

海鱼是沿海居民日常生活不可缺少的美味佳肴,是大自然赏赐的宝贵资源。海鱼虽然可以再生,但如果酷渔

休渔期的渔港

滥捕,鱼类来不及繁衍生息,也会和地球上许多珍贵生物一样最终枯竭。由于过度捕捞,在我国近海,渔业资源尤

其是经济鱼类资源,如带鱼、大黄鱼等已经遭受严重破坏。

为了保护和合理利用海鱼资源,我国实行了伏季休渔制度,并分别在黄海、东海两大海区(自 1995 年起)以及南海海区(自 1999 年起)施行。所谓伏季休渔,是指在经济幼鱼集中繁育成长的夏秋期间,在一定的范围内,禁止拖网、帆张网等一些对经济幼鱼破坏比较严重的渔船出海作业的一种保护渔业资源措施。我国伏季休渔制度施行至今,对于缓解过多渔船和过大捕捞强度给渔业资源造成的巨大压力,遏制海洋渔业资源衰退势头,增加主要经济鱼类的资源量,起到了重要的作用。

227. 海洋区划分有多少种类型?

海洋区划是根据开发利用的目的,按照不同的自然资源条件和社会经济条件所形成的海域差异而划分的海洋区域。要实现海洋经济综合规划和合理布局,首先就是要进行海洋区划工作。

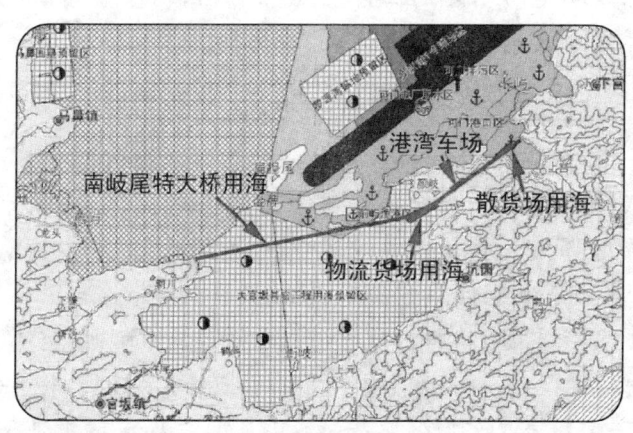

某地海洋功能区划

根据不同区划标准,海洋区划有多种类型。

第一种是海洋自然区划,根据海洋区域所处的自然地理位置,可划分为不同的海区。如中国近海,依传统划分为渤海、黄海、东海、南海。

第二种是海洋功能区划,根据各种类型的海洋功能区标准,把海域划分为不同功能区。如我国将海洋功能化划分为开发利用区、治理保护区、自然保护区、特殊功能区和保留区。

第三种是海洋经济区划,根据一定海洋区域经济发展现状和前景需要,按照海洋经济特性和发展规律而划分的不同类型海洋区域。

第四种是海洋行政区划,根据海洋行政管理的需要,按照行政层次划分的海洋区域。

第五种是海洋特殊区划,根据海洋开发利用的特殊需要,按特殊要求的条件划分海洋区域。如为保护海洋资源和环境而划定的海洋自然保护区,用于军事目的的海洋军事区等。

228. 我国是如何划分沿海行政区域的?

依据国家海洋局2006年公布的《沿海行政区划分类与代码》,我国沿海行政区域分为沿海地区、沿海城市和沿海地带三个层次。

(1)沿海地区。它是指有海岸线的省、自治区、直辖市。区域范围:按照国家行政区划,辽宁、河北、天津、山东、江苏、上海、浙江、福建、广东、广西和海南11个省(自治区、直辖市)所辖全部行政区域,包括沿海和非沿海行政区(不包括港澳台地区)。

(2)沿海城市。它是指有海岸线的直辖市和地级市,区域范围:按照国家行政区划,直辖市和地级市所辖全部行政区域,包括沿海的和非沿海的市辖区(县、县级市)。

(3)沿海地带。它是指狭义的沿海地区,包括有海岸线(大陆岸线或岛屿岸线)的县、县级市和市辖区的总称,区域范围:沿海县、沿海县级市、直辖市的市辖区和地级市的市辖区所辖全部行政区域。

229. 我国为何实行海洋功能区划?

农民种庄稼,要根据不同地块的自然条件,因地制宜地种植不同的作物。海洋开发也是这样,安排不同海区的生产和作业活动,也要因地制宜。海洋功能区划是结合海洋开发利用现状和社会经济发展需要,划分出具有特定主导功能,适应不同开发方式,并能取得最佳综合效益的一项基础性工作。

2002年我国已经发布了《全国海洋功能区划》,将海洋功能划分为5类,即开发利用区、治理保护区、自然保护区、特殊功能区和保留区。我国实行海洋功能区划的目的有四个方面。

(1)为制定全国海洋开发战略、政策和规划创造条件。

(2)宏观指导海洋的开发活动,建立良好的开发秩序,充分利用海洋资源和空间,发挥其综合效益,形成合理的产业结构和生产布局。

(3)协调各海洋产业、沿海各地区之间在海洋开发利用活动中的关系,为加强和实施海洋综合管理提供科学依据。

(4)为保护海洋环境,确定海洋水质类型,维持良好的海洋生态系统提供依据。

230. 制定《全国海洋功能区划》的依据是什么?

海洋功能区划不是随便就能提出的,而要有充分的科学和法律依据,否则就没有合理性和使用价值。那么,我国制定的《全国海洋功能区划》的科学和法律依据是什么呢?

我国在20世纪末就完成了编制区划的基础工作。1989年开始,国家海洋局组织沿海省市开展了小比例尺海洋功能区划工作;1998年开始,国家海洋局又组织开展了大比例尺海洋功能区划工作。这两项工作为全国海洋功能区划的编制提供了科学依据。

1999年修订的《海洋环境保护法》和2001年颁布的《海域使用管理法》,则在法律上正式确立了海洋功能区划的法律地位,使海洋功能区划成为海域使用管理、海洋环境保护以及制定海洋开发战略、海洋经济发展规划、涉海行业规划的基础依据。这样,我国的海洋功能区划也就有了法律依据。

231.《全国海洋功能区划》主要内容有哪些?

我国《全国海洋功能区划》以合理开发海域,保护海洋环境为主线,主要突出了三方面内容:

(1)将中国管辖海域划定了港口航运区、渔业资源利用与养护区、旅游区、海水资源利用区、工程用海区、海洋保护区、特殊利用区、保留区等主要海洋功能区,并提出了每种海洋功能区的开发保护重点和管理要求。

(2)确定了渤海、黄海、东海、南海四大海区中30个重点海域的主要功能,重点海域包括近岸海域、群岛海域及重要资源开发利用区。

海滨区

(3)制定了实施《全国海洋功能区划》的主要措施,包括:完善海洋功能区划体系、技术支撑体系,认真组织实施海洋功能区划及加强监督检查等。

232. 什么是海洋主体功能区划?

海洋主体功能区划是根据海洋资源环境承载能力、现有开发密度和发展潜力,统筹考虑未来海域使用、海洋产业布局和开发强度,将沿海空间划分为优化开发、重点开发、限制开发和禁止开发四类海洋主体功能区的过程。

优化开发区域是指海域空间开发密度较高、资源环境承载能力开始减弱的海区;重点开发区域是指资源环境承载能力较强、经济和人口集聚条件较好的海区;限制开发区域是指资源环境承载能力较弱、大规模集聚经济和人口条件不够好,且关系到较大范围生态安全的海区;禁止开发区域是指依法设立的各类海洋自然保护区域。

目前,我国对于海洋主体功能区划的研究尚在起步阶段。2007年,国家发改委、国家海洋局等有关中央部门已开始着手编制我国国家层面的海洋主体功能区划,但各省市还没有开展海洋主体功能区划的研究工作。

233. 你了解海洋经济区划吗?

一个沿海国家或一个沿海区域要发展海洋经济,就要制定海洋经济发展战略,以指导海洋经济的发展方向,确定海洋经济的发展任务。而制定这样的战略,就必须要有海洋经济区划作为基础依据。

那什么是海洋经济区划呢?简单地说,它是以海洋经济可持续发展为主题,通过研究某一沿海国家或区域的海洋资源优势和开发潜力、人才优势、产业基础等因素,确立该国家或区域的劳动力分工和海洋经济发展格局。海洋经济区划是一个层次体系,一般由3级体系构成,包括全国海洋经济区划、省级海洋经济区划、市或县级海洋经济区划。

234. 何谓海洋综合管理?

海洋综合管理是美国在20世纪30年代首先提出的概念。它是指以海洋整体利益为目标,通过区划和规划、立法和执法,以及监督和监察等管理行为,对海洋空间、资源、环境和权益等方面进行全面的统筹协调的管理。海洋综合管理要求国家或地区采用一系列相互联系的措施,合理利用海洋环境和资源,防止、减少和控制对海洋环境的污染和破坏,以确保海洋经济的可持续发展,确保海洋不仅为当代也能为后世带来环境和经济方面的效益。

　　海洋综合管理的基本内容包括:海域使用管理、海洋资源管理、海洋环境管理、海洋权益管理等。其中海域使用管理是海洋综合管理的核心,人们通过海域使用权管理、海洋功能区划、海域使用论证和海域使用审批等制度的建立,实现对海域的综合管理。在20世纪90年代,我国已在厦门进行了海洋综合管理试点工作,积累了经验。目前,包括颁布实施《海域使用管理法》等一系列实质性工作正在陆续展开中。

235. 你了解我国最早的水产学校吗?

　　提起上海水产学院,或者现今由它更名而来的上海海洋大学,很多人都知道它是一所我国水产领域有名的高等学府。但你知道它还是由我国最早的水产学校发展来的吗?

　　1912年,著名民族实业家、教育家张謇在黄炎培、蔡元培等人的鼎力相助下,创立了江苏省立水产学校。校址设在上海吴淞镇炮台湾,占地面积约4公顷,俗称吴淞水产学校。首任校长由毕业于日本农林省东京水产讲习所的张镠担任,校训是"勤朴忠实"。

上海海洋大学

江苏省立水产学校成立后仅仅20年，就已成为拥有1艘渔轮、2艘实习船、2所实习工厂及养殖试验场等相当规模的专门学府，在全国具有很高的地位和影响。学校培养了一大批水产及海事专门人才，很多都成为中国渔业和海航事业的早期骨干，先后服务于国内与世界各地。新中国成立后，学校得到了长足地发展，1952年成为国内第一所本科水产高校——上海水产学院，1985年升格为上海水产大学，2008年又经教育部批准更名为上海海洋大学。

236. 我国最早培养飞机、潜艇制造人才的学校是哪个?

1917年成立的福建马尾海军飞潜学校是我国最早培养飞机、潜艇制造人才的学校。

在第一次世界大战期间，飞机和潜艇的巨大威力引起国内一些人的高度重视。当时的北洋政府海军总长刘冠雄便提出要有自己的海军飞潜学校,培养人才。对此,北洋政府非常重视,派员考察欧美诸国后,决定在福建马尾的福州船政局内设立飞潜学校,任命船政局局长陈兆锵兼任第一任校长,由留美回国的袁晋、马德骥、巴玉藻等担任教师。学生由1913年成立的海军艺术学校的在校生转入,分甲、乙、丙三个班,甲班学飞机制造,乙班学潜艇制造,丙班学发动机制造。

但是学校成立不久,就由于北洋政府面临溃败,船政局经费困难,不得不在1926年5月并入福州海军学校。虽然海军飞潜学校存在时间较短,但它是我国最早的一所学习制造飞机和潜艇的学校,在培养我国飞机和潜艇制造人才方面还是起到了一定的积极作用。

237. 陈嘉庚为我国海洋教育事业作出了哪些重要贡献?

在中国近现代史上,有一位伟大的爱国华侨领袖,为国家和民族教育事业作出了卓越的贡献,让我们每个中国人都永远不能忘怀。他就是陈嘉庚。

陈嘉庚是一位伟大的爱国者,著名的实业家,也是一位毕生热诚办教育的教育事业家,对我国海洋教育事业作出了杰出贡献。陈嘉庚多年在海外经商,对航海与经济的关系有着深刻的认识,他认为海洋事业为各业之冠。针对我国水产、航海事业的落后状况,提出"欲振兴航海业,必须培育多数之航业人才",发出了"力挽海权,培育人才"的誓言。

陈嘉庚把他的思想落实在具体的行动上。1920年,陈嘉庚在由他创办的厦门集美学校内增设水产科,随着规模的扩大又先后改为水产部、高级水产航海部。1927年又独立为福建私立集美高级水产航海学校,为国家培养了大批水产、航海人才。由于深感高级人才的缺乏,陈嘉庚于1921年又捐资成立了厦门大学。

毛泽东主席与陈嘉庚合影

在20世纪40年代,厦门大学作为当时国内科系最多的大学之一,闻名海内外。1946年,厦门大学创办了我国第一个海洋系,成为我国的海洋生物研究中心。陈嘉庚先生重视海洋,倾资创办海洋教育,为培养我国航海和水产人才作出了不可磨灭的光辉业绩。

238. 我国近代第一个海洋研究机构是哪一个?

20世纪20时代,随着青岛观象台海洋科的成立,我国的海洋科学研究开始面对辽阔无边的海洋,如幼儿般步履蹒跚地起步了。

青岛观象台海洋科是我国第一个包括海洋水文、气象和生物观测的海洋研究机构。它的成立很有趣,是由一个对海洋科学很有兴趣的文学家宋春舫先生发起推动的,并且宋先生担任了海洋科首任科长,这不免给风起云涌的海洋世界和枯燥的海洋科学研究增添了不少浪漫的色彩。

青岛观象台

　　青岛观象台海洋科成立后,著名学者朱祖佑等陆续进入开展研究工作,同时进口了一些图书资料和观测仪器设备。当时,他们每月借用民船到胶州湾从事海洋调查,还建立了简单的分析化验室,分析海水和海底沉积物,并开始编纂青岛港潮汐表,发布沿海天气、风暴警报,为地方及航海服务。1930年海洋科又创办了中国第一份海洋科技期刊——《海洋半年刊》,用于发表海洋科学研究论文。这个时候的青岛观象台海洋科,已经是中国开展海洋观测与研究的中心了。

239. 你知道青岛水族馆是怎么建立的吗?

　　青岛是我国著名的滨海旅游城市。凡是到青岛旅游的人,都要到闻名遐迩的青岛水族馆一饱眼福。那么,大家知道青岛水族馆是怎么建立的吗?

20世纪30年代,许多有志之士认识到,需要加强对普通群众的海洋科学知识普及工作,以提高对海洋的认识,为将来海洋科学人才的产生和培养创造条件。鉴于青

青岛水族馆

岛地势优越,海产丰富,海洋科学研究有一定基础,便由青岛观象台台长蒋丙然和海洋科科长宋春舫提议,在蔡元培等科学界名流的支持下,经与当时的青岛市政府协商,决定在青岛莱阳路海滨修建水族馆,以提倡海洋科学。1932年5月8日,青岛水族馆正式落成,并对外开放。

青岛水族馆是当时中国第一个也是唯一以海洋生物为主题的自然科学博物馆。该馆不但开展鱼类和水产标本的展览,而且从事海洋科学研究工作,在普及海洋知识和提高中华民族海洋意识中发挥了重要作用。

240. 我国高校设立的第一个水产学系在哪里?

随着1946年8月设在青岛的山东大学农学院水产学系的成立,我国高等学校里建立的第一个专门从事水产科学研究和人才培养的机构便产生了。水产学系成立不久,就迎来了新中国的成立,也迎来了我国水产事业的大发展时期。

海洋经济

中国海洋大学水产馆

在我国渔业经济大发展的形势推动下,水产学系不断发展壮大。20世纪50年代全国院校大调整,山东大学迁往济南,而将水产学系留在青岛。1959年,在该系及海洋系的基础上,我国第一所专门性的海洋高等学府——山东海洋学院宣告成立(现今的中国海洋大学),为水产学系进一步发展提供了更好的时机。

随着山东海洋学院逐步发展成青岛海洋大学、中国海洋大学,从综合性大学逐步进入"211"大学、"985"大学,原水产学系也发展成水产学院,我国第一个水产养殖学专业的硕士点和博士点都在此产生,还是国家水产学的一级重点学科呢。

241. 什么是国家海洋"863"计划?

还是让我们先了解一下什么是"863"计划吧!它是

我国的国家高技术研究发展计划,是 1986 年 3 月由国内四位著名老科学家王大珩、王淦昌、杨嘉墀、陈芳允联合发起倡议,在当月就得到邓小平肯定和支持而实施的一项高技术发展计划,因此称作"863"计划。

海洋卫星

为什么要将海洋列入"863"计划呢?自 20 世纪 80 年代以来,海洋开发浪潮开始在世界范围内迅猛推进,海洋经济在国民经济中所占的比重也越来越大。无论是科学家还是政治家都认识到,海洋是经济社会发展的潜在增长点,必将对今后社会进步产生巨大的推动作用。开发海洋、发展海洋经济,就要发展和利用海洋高技术。

我们国家的"863"计划的内容设计时顺应开发海洋、发展海洋经济的历史潮流,把发展和利用海洋高技术正式作为第 8 个领域(其他 7 个领域为生物技术、航天技术、信息技术、激光技术、自动化技术、能源技术和新材料技术)列入国家"863"计划,简称海洋"863"计划。

242. 我国首个专门从事海洋经济研究的机构是哪个?

山东社会科学院海洋经济研究所是我国成立最早的海洋经济专业研究机构。它培养了一批有影响的专业海洋经济人才,并逐渐分散到全国各地,带动了我国海洋经济学科建设。

早在1979年,经我国著名经济学家许涤新、于光远、马洪等倡议并建立的这个专门海洋经济研究机构,就设在全国海洋科技力量最集中的海滨城市青岛,于方宏、孙斌、高洪涛、郑贵斌、刘洪滨、孙吉亭先后担任所长。该所先后承担了"山东海岸带社会经济综合调查"、"中国海洋区域经济研究"等重要课题,提出了"海上山东"跨世纪工程设想,参与了山东半岛蓝色经济区建设,取得了许多有影响的科研成果。由该研究所编著出版的《中国海洋区域经济研究》一书,是我国第一部海洋区域经济综合研究专著。

243. 我国南沙第一个海洋观测站是怎样建立的?

1987年5月,我国国家海洋局组织调查组,搭乘万吨级海洋科学调查船"向阳红5"号,在南沙群岛开始了海洋监测站的选址调查工作。

永暑礁海洋观测站

调查组的科学家们先后调查了永暑礁、尹庆群礁的华阳礁、六门礁的地形、地质、水文、气象、化学、生物等情况。经过比较后认为,永暑礁位于太平岛与南威岛之间,海区宽阔、礁盘平坦且较宽(约 7 平方千米),地质基础好,适合建设海洋观测站。

随后不久,中国南沙第一个海洋观测站,也是联合国全球海平面联测第 74 号站,即在永暑礁海洋观测站建立。它的建立,是中国对全球海平面测量工作所作出的贡献,对我国今后进行海洋科学研究、开发利用海洋资源具有重要意义。

244. 我国首个海洋经济学本科专业成立在哪个高校?

海洋开发浪潮的兴起和海洋经济的大发展,带动了与之相关的海洋经济人才的巨大需求。为适应这种要求,2004 年,在我国成立最早、现今规模也最大的海洋高等学府——中国海洋大学,诞生了我国第一个海洋经济学本科专业。

海洋经济学是研究海洋开发利用的经济关系及其经济活动规律的一门科学,是介于海洋科学与经济科学之间的新兴学科。中国海洋大学是一所以海洋、水产为特色的综合性海洋领域教育和科研机构,海洋经济专业设在这里,能够借助学校的优势和特色,系统地培养具有文理学科背景,适应海洋经济迅速发展和国际海洋合作与竞争要求的复合型高级专门人才。

海洋经济

245. 海洋科研教育机构对广东海洋经济的发展有何贡献？

大家对广东都非常熟悉。它是我国改革开放的前沿阵地，也是全国经济最发达地区之一。但鲜为人知的是，广东还有发达的海洋经济，是我国海洋经济第一大省。

广东海洋经济发展得好，与广东拥有实力雄厚的海洋教育与科研机构有关。

国家重点高校的中山大学海洋科研成果十分丰硕。其中，该校的南海海洋生物技术国家工程研究中心，采用现代生产技术，围绕水产养殖和海洋生物制品进行研究开发、工程化验证和产业示范，已取得一批具有知识产权的科研成果，在行业内起到较好的技术幅射带动作用。中山大学还设有海洋学院，专门培养高层次的海洋科研人才。此外，中国科学院南海海洋研究所、中国水产科学院南海水产研究所、广东海洋大学等，对广东海洋经济发展也起了重要的作用。

南海占我国海洋国土面积三分之二以上,海洋资源极为丰富,战略地位十分重要,是我国 21 世纪最重要的资源接替地。在广东省的大力支持下,地处广东的海洋教育与科研机构将担负起培养高层次海洋科技人才、推进海洋科技创新、重点服务于南海资源开发利用的重大历史使命。

246. 我国"大洋矿产资源研究开发协会"的作用如何？

属于公海领域的国际海底,蕴藏着丰富的矿产资源,尤其是多金属结核资源,仅在太平洋约 1800 万平方千米范围内就有 1 万亿吨,其中含有的铜、铁、钴、镍、锰相当于陆地含量的几十倍到上千倍。在 21 世纪这个海洋世纪,我国作为一个全球大国,要积极争取在国际海底区域中应有的权益。

采自海底的多金属结核矿石

根据《联合国海洋法公约》规定,联合国国际海底管理局统一管理和协调国际海底资源开发工作。为加强与国际海底管理局的联系和沟通,争取国际海底权益,我国在 1991 年成立了中国大洋矿产资源研究开发协会,作为我国从事国际海底资源研究与开发活动的组织协调机构。协会成立后,积极推动我国对国际海底自然资源的开发,组织实施了东北太平洋国际海底区域 15 万平方千米的多金属结核资源调查。2001 年,我国获得了 7.5 万平方千米多金属结核资源的开发权。该权益的获得,维护了我国开发国际海底资源的应有权益,提高了我国在联合国国际海底管理局的地位。

247. 为什么说青岛是中国"海洋科技城"?

说到迷人的青岛海滨风光,可谓无人不知,无人不晓。不过,青岛可不仅是一座美丽的海滨旅游城市,它还

"大洋一"号海洋科考船

是引领我国 5 次海水养殖浪潮的国内外著名"海洋科技城"。青岛市是我国海洋科教资源的主要聚集地,拥有 28

家海洋科研与教育机构,其中的中国海洋大学、中国科学院海洋研究所、中国水产科学院黄海水产研究所、国家海洋局第一研究所、国土资源部青岛海洋地质研究所等机构在国内外都颇有影响。

据统计,目前在青岛从事海洋科技研究、海洋教育、海洋管理、海洋观测实验等的专业人员近万名,其中两院院士18人;高级专业技术人员1700多人,约占全国的30％,密集程度居全国之首。

目前,在青岛市涉海教育、科研机构中,已建成省部级重点实验室28家及一批工程技术研究中心;拥有各类海洋科学考察船20余艘,千吨级以上的远洋科学考察船就有7艘;青岛海洋科学与技术国家实验室已开工建设,国家深海基地、4000吨级海洋科考船也已立项建设。随着基础条件的不断改善,青岛市将成为我国开发海洋资源、发展海洋经济的科技创新源头,为国家海洋事业发展作出更大的贡献。

248. 实施《90年代我国海洋政策和工作纲要》有何背景?

20世纪80年代以来,由于人口增加、陆地矿产资源减少及科学技术的进步,许多沿海国家开始把目光转向拥有丰富资源储藏的海洋。而1982年《联合国海洋法公约》关于大陆架、200海里专属经济区和国际海底等新的法律制度的确立,更进一步刺激了沿海国家对海洋的关注,发展海洋经济、开发海洋成为许多国家的战略国策,国际海洋权益争夺日趋激烈。

在我国,一场前所未有的海洋开发活动也正在蓬勃开展,一系列海洋开发战略计划在沿海各省陆续展开。山东大兴"耕海牧渔",辽宁实施"海上辽宁",广西制订"蓝色计划",江苏号召全省向海涂要宝,福建大念"山海经",河北、浙江力推海洋立体开发。

面对纷繁复杂的国内外海洋开发形势,为了推动我国海洋经济的持续快速发展,维护国家海洋权益,我国在1991年召开的首次全国海洋工作会议上,讨论通过了《90年代我国海洋政策和工作纲要》,提出了我国海洋工作的目标和任务。它成了指导我国90年代海洋工作的一个重要文件,对我国海洋事业的快速发展发挥了促进作用。

249. 什么是"科技兴海"?

科技兴海是一项依靠科技进步,推动海洋开发、利用、保护和发展海洋经济的集科研、生产、管理于一体的综合性系统工程。

工厂化海水养殖

20世纪80年代开始,我国沿海开发利用热潮蓬勃兴起,沿海经济得到快速发展。但由于科技水平较低,粗放型的开发活动造成了海洋资源的浪费和海洋生态环境的严重破坏。为了提高海洋资源开发利用中的科技含量,促使海洋产业上规模、上效益,提高海洋经济发展的质量,我国决定从1994年起开展"科技兴海"活动,制定颁布了《"九五"和2010年全国科技兴海规划纲要》。

到今天,我国"科技兴海"行动已经实施了十多年,成绩非常显著。不仅促进了沿海各地海洋经济的发展,而且提高了沿海居民的收入,为我国海洋经济的腾飞创造了一片新天地。

250. 我国为什么要制定《全国海洋开发规划》?

1995年5月,我国历时3年编制完成的《全国海洋开发规划》颁布实施了,这是我国历史上第一次对全国的海洋开发进行统一的规划布局。规划的范围包括我国管辖的全部海域(内海、领海、大陆架和专属经济区)及必要依托的陆域,同时兼顾大洋中人类共享的各类资源。

那么,我国为什么要制定实施《全国海洋开发规划》呢?大家知道,20世纪80年代以来,我国海洋经济发展速度非常快,同时也带来了海洋资源过度开发、海洋生态环境破坏等严重问题。保护海洋环境、合理发展海洋经济已变得刻不容缓。在这种背景下,《全国海洋开发规划》就适时出台了。这个规划的功能有两个:一是根据海洋资源状况和社会需求,对各海区和各类资源的开发利用进行统筹安排;二是协调解决海洋开发中出现的问题,为国家海洋产业各部门和沿海省、自治区、直辖市的海洋开发活动提供管理依据。

海滨旅游区

《全国海洋开发规划》颁布实施后,在优化海洋产业结构、合理开发利用海洋资源、保护海洋环境、促进海洋经济持续发展等方面发挥了重要作用。

251.《中国海洋21世纪议程》确定了哪些目标?

为了实现对海洋的可持续开发利用,建立起良性循环的海洋生态系统,形成科学合理的海洋开发体系,促进海洋经济的持续发展,1996年我国制定了《中国海洋21世纪议程》。它在海洋环境保护、海洋生态系统建设、海洋产业发展方面提出了以下具体目标:

(1) 防止海洋环境退化,恢复和提高海洋环境质量。如:减少近岸海域污染的趋势,使部分污染严重的河口、海湾得到治理;防止新开发区域造成新的污染,努力减少海洋环境灾害等等。

(2)建设良性循环的海洋生态体系,有效保护重要的生态系统、珍稀物种和海洋生物多样性;加强自然保护区建设;逐步形成符合可持续利用原则的生物利用方式;恢复沿海和近海的渔业资源,培养优良养殖品种,为海洋农牧化的大规模发展创造条件。

(3)使海洋产业结构不断优化,海洋产业群不断扩大和增值,实现海洋产业产值在2000年达到国内生产总值的5%～10%。

252. 你了解"渤海碧海行动计划"吗?

渤海是我国唯一的内海,环渤海地区工农业发达,是我国人口最为集中的地区之一,因而注入渤海的陆源污染物较多,而渤海与外海水体交换比较困难,自身净化能力差,致使渤海海域生态环境恶化,赤潮频发,渔业资源衰退。"渤海碧海行动计划",是迄今我国为改善海洋生态环境而发起的规模最浩大的工程。

为了彻底改善渤海生态环境,恢复渔业资源,2001年11月,我国启动了计划历时15年、预计耗资550亿元的"渤海碧海行动计划",并分近期(2001—2005年)、中期(2006—2010年)、远期(2011—2015年)三个阶段组织实施。

"渤海碧海行动计划"实施以来取得了较大成绩,渤海生态环境明显趋于好转。入海污染物逐步减少,近岸海域水质改善,赤潮发生的频次和面积明显减少。"渤海碧海行动计划"的实施,给因渤海污染不断加剧而焦虑的人们带来了希望,也为渤海经济圈的可持续发展创造了良好条件。

253. 实施《全国海洋经济发展规划纲要》有何重要意义?

按照党的"十六大"提出的"实施海洋开发"的重大战略部署,2003年5月9日,国务院发布了《全国海洋经济发展规划纲要》(以下简称《纲要》),明确提出了我国海洋经济增长的预期指标:2005年,海洋产业增加值占国内生产总值的4%左右;到2010年,将达到5%以上,并逐步使海洋产业成为国民经济的支柱产业。

海洋强国论坛

《纲要》不仅第一次描绘了全国海洋经济发展的宏伟蓝图,也是第一次明确提出了"逐步把我国建设成为海洋强国"的目标,这对于我国加快海洋资源的开发利用,促进沿海地区经济合理布局和产业结构调整,努力促使海洋经济各产业成为国民经济新的增长点,进而保持国民经济持续健康快速发展、实现全面建设小康社会的目标有着重要意义。

254. 我国第一个海洋科技发展规划是哪一部？

开发海洋、发展海洋经济，需要海洋高科技的支撑。世界上许多国家为了发展海洋科技，都重视制定海洋科技发展战略规划，通过采取特殊的政策加大研究投入，加快推动海洋科技的发展。

2006年，我国出台了历史上第一个海洋科技发展规划——《国家"十一五"海洋科学和技术发展规划纲要》。

海洋深潜探测器

这个规划提出了我国"十一五"期间海洋科技发展的目标，即"海洋科技成为支撑和引领海洋事业发展的重要力量"；还对海洋科技发展的重点任务进行了部署，主要包括发展海洋监测预报技术、发展海洋开发保护技术、开展海洋科学研究、开展海洋管理研究、实施海洋重大专项、推进海洋创新体系建设、加强海洋科技平台建设、加强海洋科技教育等方面。《国家"十一五"海洋科学和技术发展规划纲要》在加快我国海洋科技发展、提升我国海洋科技水平和能力、支撑和引领海洋经济快速发展、保障国家海洋安全中发挥了重要指导作用。

255. 我国第一个海洋事业发展规划纲要确定了什么目标?

我国于 2008 年 2 月颁布的《国家海洋事业发展规划纲要》(以下简称《纲要》),是我国建国以来首次发布的海洋领域的总体规划,对促进海洋事业的全面、协调、可持续发展和加快建设海洋强国具有重要的指导意义。

《纲要》中确定的我国海洋事业在"十一五"期间的主要发展目标是:

(1)综合管理:海洋综合管理体系继续完善,海洋公益服务能力明显增强,海洋经济发展向又好又快方向转变,对国民经济和社会发展的贡献率进一步提高。

(2)经济发展:2010 年达到海洋生产总值占国民生产总值的 11% 以上,年均新增涉海就业岗位 100 万个以上。

"雪龙"号参加第 26 次南极科考

(3)科技创新:海洋科技创新体系基本完善,自主创新能力明显提高。科技对海洋管理、海洋经济、防灾减灾和国家安全的支撑能力显著增强,对海洋经济的贡献率达到50%。海水利用对沿海缺水地区的贡献率达到16%~24%。

(4)未来发展:到2020年我国海洋事业发展将初步实现数字海洋、生态海洋、安全海洋、和谐海洋。具体为:全民海洋意识普遍增强,海洋法律法规体系健全,监管立体化、执法规范化、管理信息化、反应快速化的综合管理体系基本形成。

256.《全国科技兴海规划纲要》有什么特点?

我国从20世纪90年代初提出科技兴海战略以来,已有10余年的历史。目前,科技兴海已进入了一个新的历史时期。在全面分析国内外海洋经济发展形势和趋势,以及国家经济社会发展需求的基础上,2008年我国又颁布了《全国科技兴海规划纲要(2008—2015年)》(以下简称《纲要》),对未来5~8年的科技兴海进行了部署。该《纲要》鲜明地体现了在新的历史条件下我国科技兴海的新特点和新要求。

一是科技兴海的指导思想,突出了海洋经济又好又快发展的时代特点和要求。提出坚持"加快转化,引导产业,支撑经济,协调发展"的指导方针,引导沿海地区实现海洋经济发展方式的转变。

二是从科技兴海体系和长效机制建设上构建科技兴海模式,逐步推进形成政府引导,政、产、学、研、金相结合,海陆联动,区域合作的科技支撑带动海洋经济发展的模式,构建以企业为主体的技术创新体系,提升海洋产业发展能力。

全国科技兴海工作会议

三是在任务部署上,不仅推进海洋高新技术产业发展,还针对海洋经济发展中的基础性、公共性问题,加强了公益技术的转化应用,以及海洋生态环境保障信息产品开发与应用等方面的任务,促进科学用海、科学管海。

四是根据国家区域经济发展战略布局,结合沿海区域发展特点和趋势,提出了科技兴海区域发展目标,并强化科技兴海平台建设,将其作为任务之一进行了部署。

257.《全国科技兴海规划纲要》提出了哪些重点任务?

2008年我国新颁布的《全国科技兴海规划纲要(2008—2015年)》,除了体现出在新的历史条件下我国科技兴海的新特点和新要求,重要的是对未来5~8年科技兴海的重点任务更加明确。

(1)加速海洋科技成果转化,促进海洋高新技术产业发展。围绕海洋产业竞争能力和发展潜力,推动海洋关键技术成果的深度开发、集成创新和转化应用,提升传统产业,培育和发展新兴产业,促进海洋经济发展从资源依赖型向技术带动型转变。

(2)加快海洋公益技术应用,推进海洋经济发展方式转变。通过实施节能减排、海洋生态环境保护与修复、基于生态系统的海洋管理等技术集成开发与应用推广,形成海洋管理与生态环境保护技术应用体系,推进海洋经济发展从数量增长型向生态安全型和产品质量安全型转变。

(3)加快海洋信息产品开发,提高海洋经济保障服务能力。围绕海洋开发的生态环境和生命财产安全,集成海洋监测、信息、预报等技术,形成业务化示范系统,为海洋工程、海洋交通运输、海洋渔业、海洋旅游、海上搜救、海洋管理等提供各种信息服务系统和产品,推进海洋信息产业化。

(4)构建科技兴海平台,强化科技兴海能力建设。建设多个国家和省(市)级海洋科技成果公共转化平台、专项成果转化基地、与海洋经济发展需求相适应的科技兴海信息服务平台并实现业务化运行,建设适于海洋开发和海洋产业发展的环境安全保障平台以及科技兴海标准化平台网络。

(5)实施重大示范工程,带动科技兴海全面发展。建立一批具有辐射带动效应的科技兴海示范区、园区和基地,带动沿海地区科技兴海工作全面发展,促进海洋经济向又好又快的发展方式转变。

258. 天津滨海新区建设有何重大意义？

天津滨海新区包括塘沽区、汉沽区、大港区3个行政区和天津经济技术开发区、天津港保税区、天津港区以及东丽区、津南区的部分区域,规划面积2270平方千米。2006年5月,国务院发布了《关于推进天津滨海新区开发开放有关问题的意见》,标志着天津滨海新区建设纳入国家总体发展战略布局。天津滨海新区是继20世纪80年代深圳、90年代浦东之后,又一个具有重大战略意义的开发区域,是中国大陆东部开发的第三次战略布局,具有以下重大意义:

一是有利于提升京津冀及环渤海地区的国际竞争力。天津滨海新区位于环渤海地区的中心位置,是我国参与经济全球化和区域经济一体化的重要窗口。推进天津滨海新区的开发开放,促进这一地区加快发展,可以有效地提升京津冀和环渤海地区的对外开放水平,使这

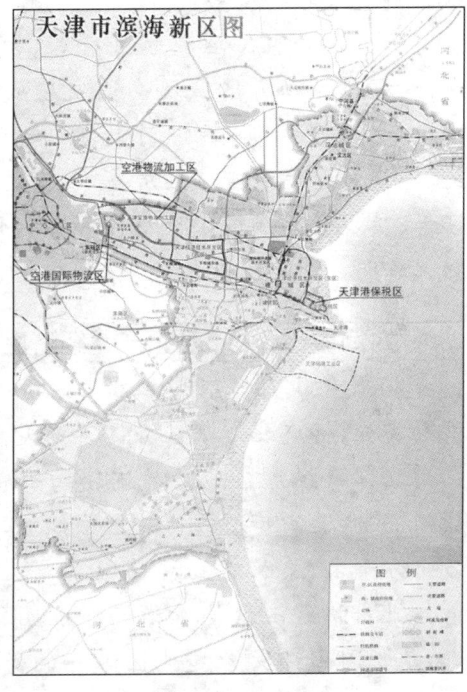

一地区更好地融入国际经济。

二是有利于实施全国区域协调发展总体战略。天津滨海新区是继深圳经济特区、浦东新区之后,我国的又一区域发展增长极。它的开发、开放,有利于促进我国环渤海地区率先实现现代化,从而带动中西部地区,特别是"三北"地区发展。

三是有利于探索新时期区域发展的新模式。在经济全球化和区域经济一体化进程加快、我国全面建设小康社会和和谐社会的新形势下,天津滨海新区的建设,有利于全面落实科学发展观,实现人与自然和谐相处,走出区域创新发展的新道路。

正如国务院总理温家宝所言,加快天津滨海新区开发、开放是环渤海区域及全国发展战略布局中重要的一步棋,走好这步棋,不仅对天津的长远发展具有重大意义,而且对于促进区域经济发展、实施全国总体发展战略部署、实现全面建设小康社会和现代化宏伟目标,都具有重大意义。

259. 为何要建设"广西北部湾经济区"?

2008年1月,《广西北部湾经济区发展规划》获国家批准实施,标志北部湾经济区开发开放上升为国家战略。广西北部湾经济区地处我国沿海西南端,由南宁、北海、钦州、防城港四市所辖行政区域组成,陆地国土面积4.25万平方千米,总人口1255万。

北部湾经济区处于华南经济圈、西南经济圈的结合部,是我国西部大开发地区唯一的沿海区域。它拥有沿

海洋经济

258. 天津滨海新区建设有何重大意义？

天津滨海新区包括塘沽区、汉沽区、大港区3个行政区和天津经济技术开发区、天津港保税区、天津港区以及东丽区、津南区的部分区域，规划面积2270平方千米。2006年5月，国务院发布了《关于推进天津滨海新区开发开放有关问题的意见》，标志着天津滨海新区建设纳入国家总体发展战略布局。天津滨海新区是继20世纪80年代深圳、90年代浦东之后，又一个具有重大战略意义的开发区域，是中国大陆东部开发的第三次战略布局，具有以下重大意义：

一是有利于提升京津冀及环渤海地区的国际竞争力。天津滨海新区位于环渤海地区的中心位置，是我国参与经济全球化和区域经济一体化的重要窗口。推进天津滨海新区的开发开放，促进这一地区加快发展，可以有效地提升京津冀和环渤海地区的对外开放水平，使这

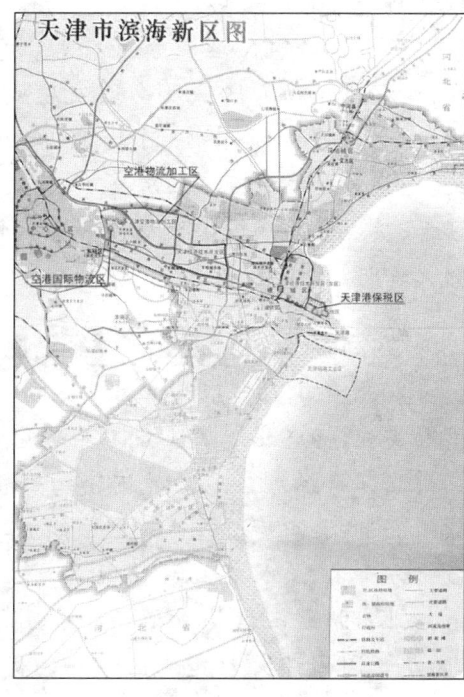

一地区更好地融入国际经济。

二是有利于实施全国区域协调发展总体战略。天津滨海新区是继深圳经济特区、浦东新区之后,我国的又一区域发展增长极。它的开发、开放,有利于促进我国环渤海地区率先实现现代化,从而带动中西部地区,特别是"三北"地区发展。

三是有利于探索新时期区域发展的新模式。在经济全球化和区域经济一体化进程加快、我国全面建设小康社会和和谐社会的新形势下,天津滨海新区的建设,有利于全面落实科学发展观,实现人与自然和谐相处,走出区域创新发展的新道路。

正如国务院总理温家宝所言,加快天津滨海新区开发、开放是环渤海区域及全国发展战略布局中重要的一步棋,走好这步棋,不仅对天津的长远发展具有重大意义,而且对于促进区域经济发展、实施全国总体发展战略部署、实现全面建设小康社会和现代化宏伟目标,都具有重大意义。

259. 为何要建设"广西北部湾经济区"?

2008年1月,《广西北部湾经济区发展规划》获国家批准实施,标志北部湾经济区开发开放上升为国家战略。广西北部湾经济区地处我国沿海西南端,由南宁、北海、钦州、防城港四市所辖行政区域组成,陆地国土面积4.25万平方千米,总人口1255万。

北部湾经济区处于华南经济圈、西南经济圈的结合部,是我国西部大开发地区唯一的沿海区域。它拥有沿

海洋经济

中国政府批准实施《广西北部湾经济区发展规划》

海1595千米海岸线,深水岸线160多千米,是国内仅存的未大规模开发的连片沿海岸线。它的资源丰富,环境容量较大,生态系统优良,人口承载力较高,开发密度较低,发展潜力较大,是我国沿海地区规划布局新的现代化港口群、产业群和建设高质量宜居城市的重要区域。此外,北部湾经济区与东盟国家既有海上通道、又有陆地接壤的区域,发展对外贸易和合作的区位优势非常明显,具有重要战略地位。因此,推动广西北部湾经济区开发开放,是我国深化西部大开发,完善沿海经济布局,推动形成东中西良性互动和国际区域经济合作的重大战略举措。

广西北部湾经济区的建设目标是:到2020年,建成中国—东盟开放合作的物流基地、商贸基地、加工制造基地和信息交流中心,成为带动、支撑西部大开发的战略高地和开放度高、辐射力强、经济繁荣、社会和谐、生态良好的重要国际区域经济合作区。

260. 广东省对发展海洋经济有什么宏伟目标?

广东省是我国海洋大省,海洋产业体系完善。2009年,海洋生产总值已达6800亿元,占全省国民生产总值的17.4%,连续15年居全国首位。发展海洋经济已成为广东社会经济发展的重大战略选择。

2008年11月,广东省在第六次海洋工作会议中做出了促进海洋经济科学发展的新决定,提出了到2015年广东省海洋经济发展的新目标:

(1) 到2015年,全省的海洋经济生产总值将占全省生产总值的20%,初步建成中国的海洋经济强省。

(2) 海洋综合管理体系进一步完善,建立起以生态系统为基础的海洋区域管理模式,实现海域管理的法制化、规范化、信息化。

(3)海洋可持续发展能力进一步增强,近岸重点海域污染恶化和生态破坏的趋势基本得到遏制,重要生态系统得到有效监控,海洋功能区环境质量全面达标。

(4)提升海洋公益服务能力,建立起完善的海洋监测、预警、预报、应急处置等防灾减灾体系以及海洋管理技术支撑体系。

(5)海洋开发自主创新能力明显提升,主要海洋科技领域要达到国内领先水平。

(6)发展现代渔业,建成一批标准化渔港、标准化鱼塘、标准化养殖基地,建成一批新渔村、培育一批新渔民、发展一批新型专业合作组织。

2010年6月8日召开的首届广东海洋论坛上透露,最近国务院同意把广东列为国家海洋综合开发试验区,为广东海洋事业发展带来新的重大发展机遇。

261. "海峡西岸经济区"的建设内容是如何规划的?

海峡西岸经济区,是指台湾海峡西岸,以福建为主体包括周边地区的经济区域。这里南北与珠三角、长三角两个经济区衔接,东与台湾岛、西与江西的广大内陆腹地贯通,具有对台工作、统一祖国,并进一步带动全国经济走向世界的特点和独特优势。

2004年,福建省提出建设海峡西岸经济区的重大区域发展战略构想,得到了国家和中央有关领导的支持和肯定。2009年,国务院审议通过关于支持福建省加快海峡西岸经济区建设的决定,海峡西岸经济区建设上升到国家的战略层面。

建设中的海峡两岸经济区

海峡西岸经济区建设的重要内容包括:

(1)利用海洋资源优势,加快发展临港工业、海洋渔业、海洋新兴产业等,建设现代化海洋产业开发基地。

(2)高起点规划、高标准建设沿海港口,作为大型装备制造业项目布局的备选基地,合理布局发展临港工业。以厦门湾、湄洲湾等为依托,建设以石化、船舶修造等为重点的临港工业集中区,成为带动区域经济发展的新增长点。

(3)推广名优新品种和生态养殖模式,建设生态型海水养殖和海产品加工基地。

(4)加强海上通航和救援合作,推动建立海上救援协作机制,完善台湾海峡防灾减灾体系建设。

(5)加强海洋科技中试基地及研发平台建设,加快培育海洋药品、保健食品、海水综合利用等新兴产业,形成若干以港湾为依托具有较强竞争力的临港经济密集区。

研究名优新品种和生态养殖模式,建设生态型海水养殖和海水开发基地。

能区。胡锦涛总书记的指示,给正处于重要发展时期的山东省指明了方向。宏伟战略的一声号角,吹响了山东进军海洋的集结号。不远的将来,以蓝色、可持续发展为主题的"海洋经济强省"的建设热潮将在山东3000多千米的黄金海岸线上兴起。

编后记

世界的未来是青少年的,而世界未来的希望在海洋。21世纪的今天,世界已经进入全面开发和利用海洋的新时代。

在我国青少年中全面、系统地开展海洋知识的普及教育,以适应国际形势变化的需要和未来人类社会发展的需要,是我们当代海洋科技教育工作者的责任和义务。有感于此,我们来自国家机关、高等院校、科研院所、军事机构等40多位海洋科技工作者,花费了三年多时间,精心策划并编撰完成了我国有史以来第一部海洋知识体系最完备、内容最全面的科普图书。

《海洋小百科全书》共20分册,300余万字,110个知识大类,总7000余个知识问答,几乎涵盖了海洋自然科学、海洋人文科学、海洋军事科学的全部基本内容。本书第一版由中国少年儿童出版社于2002年5月出版,2003年9月荣获由中共中央宣传部等国家7个部门联合颁布的"第五届全国优秀科普作品奖科普图书类三等奖"。本书于2007年10月修订再版,现再次修订,由中山大学出版社出版。本次修订在保持原有知识体系和编写风格基本不变的情况下,除进行必要的知识内容更新外,又新增加了《"海洋经济"》分册,使《海洋小百科全书》的知识体系进一步完备,知识内容更加丰富。

本书自2002年5月出版至今,一直得到社会的普遍关注和广大读者的厚爱,在此,一并向曾经对本书编撰、出版、发行、修订等作出过贡献的人们表示衷心的谢意。

由于本书涵盖的知识内容宽泛,编写任务十分繁重,难免有知识遗漏和编写不当之处,欢迎广大读者提出宝贵的意见和建议。

《海洋小百科全书》主编:关庆利

2010年9月24日

《海洋小百科全书》分类目录
（20分册·110类）

1 海洋地理
　　海洋地理大观
　　世界海岛揽胜
　　海洋地理趣闻
　　奇妙海底世界
　　海洋地质灾害
　　神奇中国岛岸

2 海洋水文
　　多姿多彩的海洋
　　海水的自然神韵
　　海洋与人类互动
　　探测海洋的波脉

3 海洋气象
　　走近海洋风暴
　　探寻海洋天气
　　感受海洋冷暖
　　变换海洋风雨
　　领悟沧海桑田
　　俯观海气轮回

4 海洋探险
　　古代海洋探险
　　近代海洋探险
　　现代极地探险
　　环球海洋风采

5 海洋航运
　　船舶千秋史话
　　航海妙趣万千
　　惊涛铸造奇闻
　　中国航运今昔
　　船运业务趣谈

6 极地科考
　　挑战人类的环境
　　不可争夺的领土
　　南极人的生活
　　南极生物奇趣
　　揭开奥秘的考察
　　北极世界的探索

7 海洋生物
　　无限生机的海洋
　　迷人的海洋奇葩
　　璀璨的贝类明星
　　威武的虾兵蟹将

微小的海洋居民
　　　多彩的海洋植物
8　海洋动物
　　　奇妙的动物家族
　　　高超的生存技巧
　　　神秘的自然之谜
　　　复杂的生存关系
　　　多彩的情爱生活
　　　狰狞的危险动物
　　　友善的人类朋友
9　海洋渔业
　　　千姿百态捕鱼技术
　　　海洋渔业发展史话
　　　名贵海产品趣味谈
　　　海产品美食与营养
　　　海产品保健与药用
10　海洋化学
　　　海水的趣味故事
　　　海水的化学秘密
　　　海水的化学资源
　　　无尽的海底宝藏
　　　流泪的海洋环境
11　海洋物理
　　　妙趣横生海洋物理
　　　威力无比海洋声学

　　　奇光异彩海洋光学
　　　探索海洋高新技术
　　　四通八达海底电缆
　　　准确无误导航技术
12　海洋工程
　　　人类水下生活
　　　探索海底世界
　　　雄伟近岸工程
　　　海上铸造希望
　　　港口飞架彩虹
　　　旅游方兴未艾
　　　无尽海洋能源
13　海洋科教
　　　著名的海洋科学家
　　　世界海洋科技之最
　　　重大海洋科学考察
　　　世界海洋科研教育
14　海洋权益
　　　蓝色的海洋国土
　　　繁杂的海域划分
　　　激烈的海洋争斗
　　　独特的海运规则
　　　严格的船舶管理
　　　复杂的海事纠纷
　　　神圣的海洋权益

15 海洋经济
海商奠基帝国兴起
追寻民族海商踪迹
当代海洋经济概览
日新月异朝阳产业
夯实蓝色经济基石

16 海洋文学
中国古代海洋文学
中国现代海洋文学
外国古代海洋文学
外国现代海洋文学
中外海洋影视文学

17 海洋文化
海洋神化故事
海洋语言文字
海洋绘画名作
海洋雕塑艺术
海洋音乐经典
海洋民俗风情

海洋著作学说

18 海军兵器
凶悍的汪洋猛鲨
奇妙的掠波剑鱼
神秘的龙宫巨鲸
无敌的长空雄鹰
未来的海战新秀
难忘的千年风流

19 古今海战
古代海战追踪
近代海战掠影
"一战"群雄争霸
"二战"邪灭正兴
现代海战大观

20 海洋军事
海军兵力纵横
海军礼仪风采
海军名人传奇
海军趣闻轶事